村田 武

日本農業の危機と再生

地域再生の希望は
食とエネルギーの産直に

さ よ な ら

安倍政権

批判

plus

オルタナティブ

はじめに

「強い日本へ、改革あるのみ
実は……、いまだから言えることがあります。

20年以上前、ＧＡＴＴ（関税貿易一般協定）農業分野交渉の頃です。血気盛んな若手議員だった私は、農業の開放に反対の立場をとり、農家の代表と一緒に、国会前で抗議活動をしました。

ところがこの20年、日本の農業は衰えました。農民の平均年齢は10歳上がり、いまや66歳を超えました。

日本の農業は、岐路にある。生き残るには、いま、変わらなければなりません。

私たちは、長年続いた農業政策の大改革に立ち向かっています。60年も変わらずにきた農業協同組合の仕組みを、抜本的に改めます。

世界標準に則って、コーポレート・ガバナンスを強めました。医療・エネルギーなどの分野で、岩盤のように固い規制を、私自身が槍の穂先となりこじあけてきました。」


これは、安倍晋三首相が２０１５年4月29日午前（日本時間30日未明）、アメリカ議会の上下両院合同会議で「希望の同盟へ」と題して行った演説の一節である。

ＧＡＴＴウルグアイ・ラウンド農業交渉に際して、安倍議員が自民党「農林族」の一員として自由化に反対したとは知らなかったが、その後がいけない。「ところがこの20年、日本の農業は衰えました」と言うが、その原因はどこにあるというのか。安倍首相にはまったくそれがわかっていないのか。

そうではあるまい。ことの真相は以下のとおりでないか。

若かりし安倍議員が反対したというウルグアイ・ラウンド農業交渉の中心課題は、アメリカがＥＵとの過剰農産物の補助金付き輸出競争をやめたいということにあった。結果としてＷＴＯ農業合意では、アメリカとＥＵは農産物輸出補助金を36％、補助金つき輸出量を21％削減するという合意はできたが、補助金の完全撤廃にはならなかった。アメリカ、ＥＵとも輸出補助金をゼロにしてしまうまでは国内・域内政治が許さなかったからである。そのために、わが国など輸入国が強制された自由化（非関税措置の関税化）も、関税撤廃（ゼロ関税）でなく、「関税相当量」と称する輸入禁止的関税を重要農産物に設定できたのである。それが図１である。

他方で、アメリカは１９９６年農業法で穀物生産調整を廃止して不足払いを撤廃した（その手切れ金として固定額の補助金を7年間の期限付き支払い）が、１９９７年のアジア通貨危機を契機とした国際穀物相場の低迷・農家所得の急落に対して、ブッシュ政権は「緊急農業支援策」を毎年のように実施し、２００２年農業法以降では、「価格変動対応型支払い」の導入で事実上「不足払い」を復活させたのである。これにはＥＵやカナダ、オーストラリアなどケアンズグループ、さらに途上国がいっせいにＷＴＯ農業協定による農政改革に逆行するものだと反発した。とくに途上国の怒りが、ＷＴＯ・ドーハ・ラウンドの失敗につながった。このドーハ・ラウンド失敗のおかげで、わが国はさらなる自由化・関税引下げを免れ、

図１　日本の主要農産物の関税水準

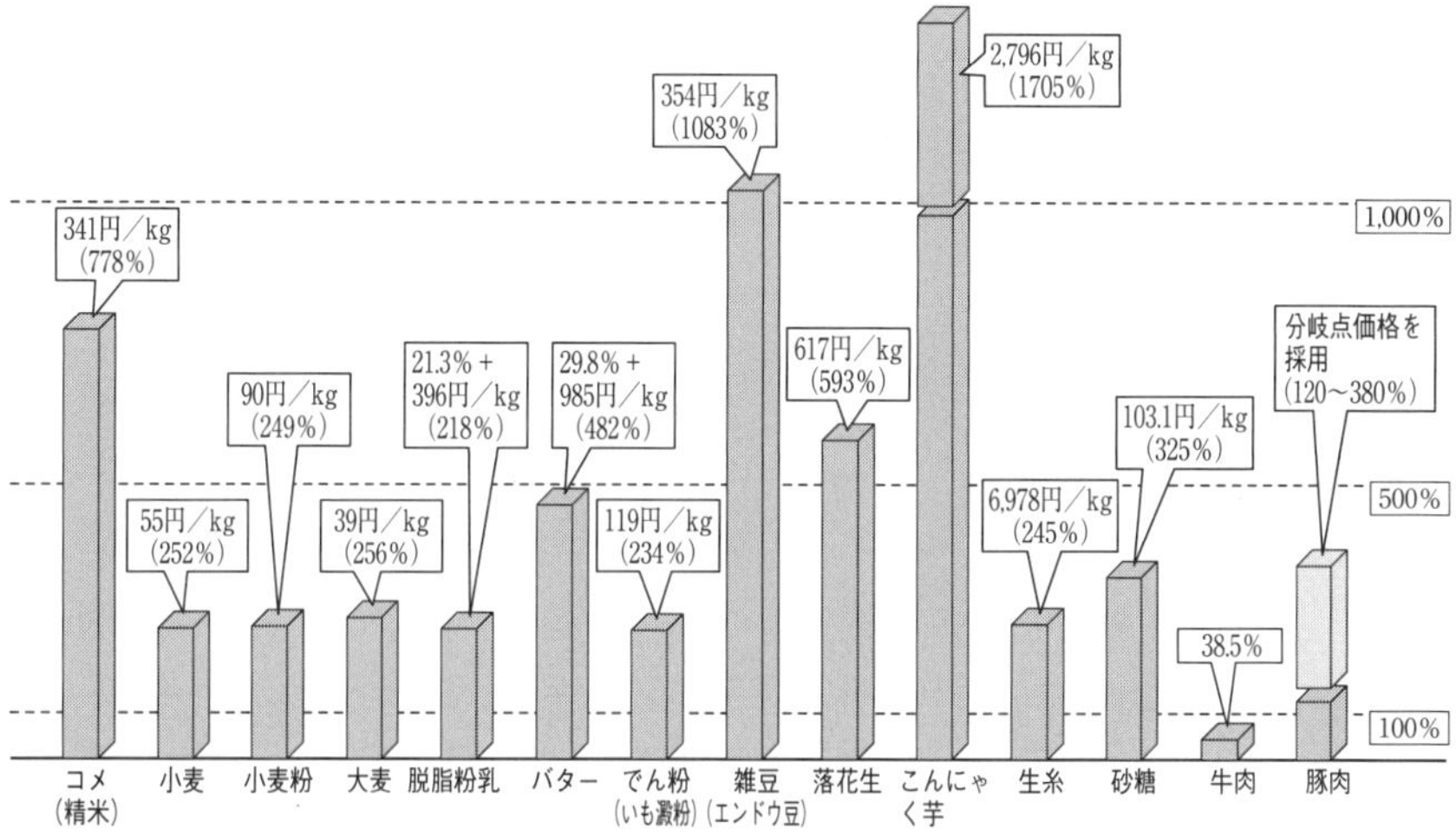

出所：農林水産省資料

ＷＴＯ農業協定水準の国境措置を１９９５年以来20年間にわたって維持できたのである。そうした国境措置を前提に、重要農産物についての価格支持や不足払い制度などによって生産農家のコスト割れを何とか防ぐことができたのが、自民党政権の農業政策であった。

しかし、ミニマムアクセス米の圧力のもと、生産調整を稲作農家に強制して需給調整・価格安定を図る米政策も、米需要の減少もあり、近年では生産者米価の顕著な下落で農家の生産意欲を大きく削ぐ事態が生まれてきた。さらにアベノミクスによる円安誘導は、輸入飼料に依存する畜産経営の生産コストの上昇と経営危機を深刻化させ、酪農経営を先頭に離農が顕著になり、バター不足が消費者を驚かせている。

私は、戦後の自民党農政がとくに１９６１年の農業基本法以降に、どのように幅広い農産物価格支持政策を展開してきたかをみるために年表（図２）を作成した。このような農業政策の実施を農村の現場で担い、自治体にも頼りにされて、大都市市場への安定した農

図２　戦後日本の農産物価格制度・経営安定対策の展開

	73世界食料危機 71グレープフルーツ・リンゴ・なたね自由化 61大豆自由化 64レモン自由化 91牛肉・オレンジ（生鮮）自由化 68秋田県大潟村営農開始 95WTO発足 52農地法　61農業基本法　99食料・農業・農村基本法
	1955　1961　1975　1985　1995　2000　2010
かんしょ 米 麦 ばれいしょ 大　豆 なたね	53農産物価格安定法 42食糧管理法　76水田裏作奨励金　95食糧法　99米関税化 74麦生産振興対策（生産振興奨励金）　07品目横断的経営安定対策 53農産物価格安定法　76行政指導価格設定　（直接支払いに転換） 61大豆なたね交付金暫定措置法　76作付奨励補助金　10農業者戸別所得補償制度（モデル事業） 12経営所得安定対策
てんさい さとうきび	53てんさい生産振興臨時措置法 64甘味資源特別措置法　76作付奨励補助金 65砂糖価格安定法
原料乳 指定乳製品	54酪農振興法　65加工原料乳生産者補給金暫定措置法
豚　肉 牛　肉	61畜産物価格安定法 72子豚需給調整事業実施要領 70肉用牛価格安定事業実施要領 88肉用子牛生産安定等特別措置法 72乳用雄肥育素牛供給価格安定事業実施要領
野　菜 果　実	66野菜生産出荷安定法 72加工原料用果実価格安定対策事業実施要領
飼　料	52飼料需給安定法
その他	49たばこ専売法 51繭糸価格安定法

産物供給のために組合員農家への技術指導と共選共販にがんばってきたのが農業協同組合ではなかったか。選挙となれば自民党議員の当選のために全力をあげてきた農協陣営ではなかったか。その農協陣営が、全国農協中央会（JA全中）を先頭にTPPに叛旗を翻したからといって、飼い犬に手をかまれた腹いせとばかりに、改革の血祭りにあげようとは何事か。

安倍首相演説には、もうひとつごまかしがある。「医療・エネルギーなどの分野で、岩盤のように固い規制を、私自身が槍の穂先となりこじあけてきました」とある。TPPでアメリカがわが国の医療制度に切り込む手助けをしようというのも許し難いが、エネルギー分野で岩盤規制を崩す先頭に立ってきたとはとうてい言い難い。

アベノミクス「農業改革」は、稲作減反を2018（平成30）年には廃止し、稲作農業の体質強化をめざして、「農地中間管理機構」を通じた農地集積を進め、経営主体の法人化に全力をあげるという。しかし、待ってほしい。農業の担い手がいま農村の現場で、どんな苦労をしているかを知っているのだろうか。1980年代なかば以降の日本農業の後退縮小の責任を農協にかぶせる安倍内閣の議論はまったく許しがたい。また、政府が生産者米価の暴落にまともな対応をせず、TPPによって重要農産物の関税を撤廃すれば、今でも低迷し続ける国内産農産物がさらに暴落することが十分予測される。そのなかで、しっかりした価格支持制度の約束もされず展望を失っているのは優良な認定農業者ではないか。飼料代が高騰する一方で、乳価はどうなるかわからない酪農経営が、「借金が膨れないうちに」とどんどん離農せざるをえなくなっているではないか。生産者米価の乱高下は、兼業自家飯米農家よりも、アベノミクスが期待する大型法人経営にこそ展望を失わせるものである。そのことがわからない農水省ではないはずだが、官邸農政が農水省を押さえこんだのか。

ところで、国連は国連食糧農業機関（ＦＡＯ）を中心に、アメリカ多国籍企業主導のグローバリズムと金融資本主義の圧力をはね返して、２０１４年国際家族農業年を設定した。それは、農業・農村を立て直すのは家族農業経営をおいて他にないというアピールであった。わが国の政府はこれを全く無視し、的外れな法人化をめざすというのである。法人経営・専業経営だけでなく、兼業・高齢農家も農業で所得を得てこそ農村に定住できる。家族農業経営あってこその農水省なのである。法人経営だけなら、経産省中小企業局だけで事足りる。農村環境は環境省にまかせるというのか。法人経営だけで農村が守れるという農水省の自殺行為を笑って見逃すわけにはいかない。

も・く・じ

第1部

飢餓と食料・エネルギー問題に立ち向かう世界の動き

第1章　食料安全保障世界サミットから国際家族農業年へ

国際社会が飢餓・食料問題に直面するなか、国連食糧農業機関（ＦＡＯ）は、１９７３年の世界食料危機以来、世界の飢餓人口の削減をめざす取り組みを国際社会に強く要請してきた。２００９年11月に開催された食料安全保障世界サミットでは「とくにその多くが女性に担われる小規模な家族農業への支援が求められる」と宣言したが、その背景には、グローバリズムと多国籍金融資本主義の進展のもとで新自由主義・規制緩和・民営化が、自由貿易の名による国際貿易機構の国際商品協定などの調整システムの解体や国内農業を支える政策の削減につながったこと、先進国・途上国を問わず世界各国の農村経済の破綻と小規模な家族農業経営の危機をもたらしたこと、とくに重要であるのは食料の増産があれば世界の食料安全保障の向上につながるといった古い食料安全保障論を破たんさせたことがある。

なるほど今世紀に入って干ばつなど気象災害の頻発にともなって世界的な穀物供給が不安定化し、穀物需給がひっ迫基調に転じるなかで、国際穀物相場は２００６年秋から急騰した（図３）。穀物商品相場の

図３　穀物等の国際価格の動向

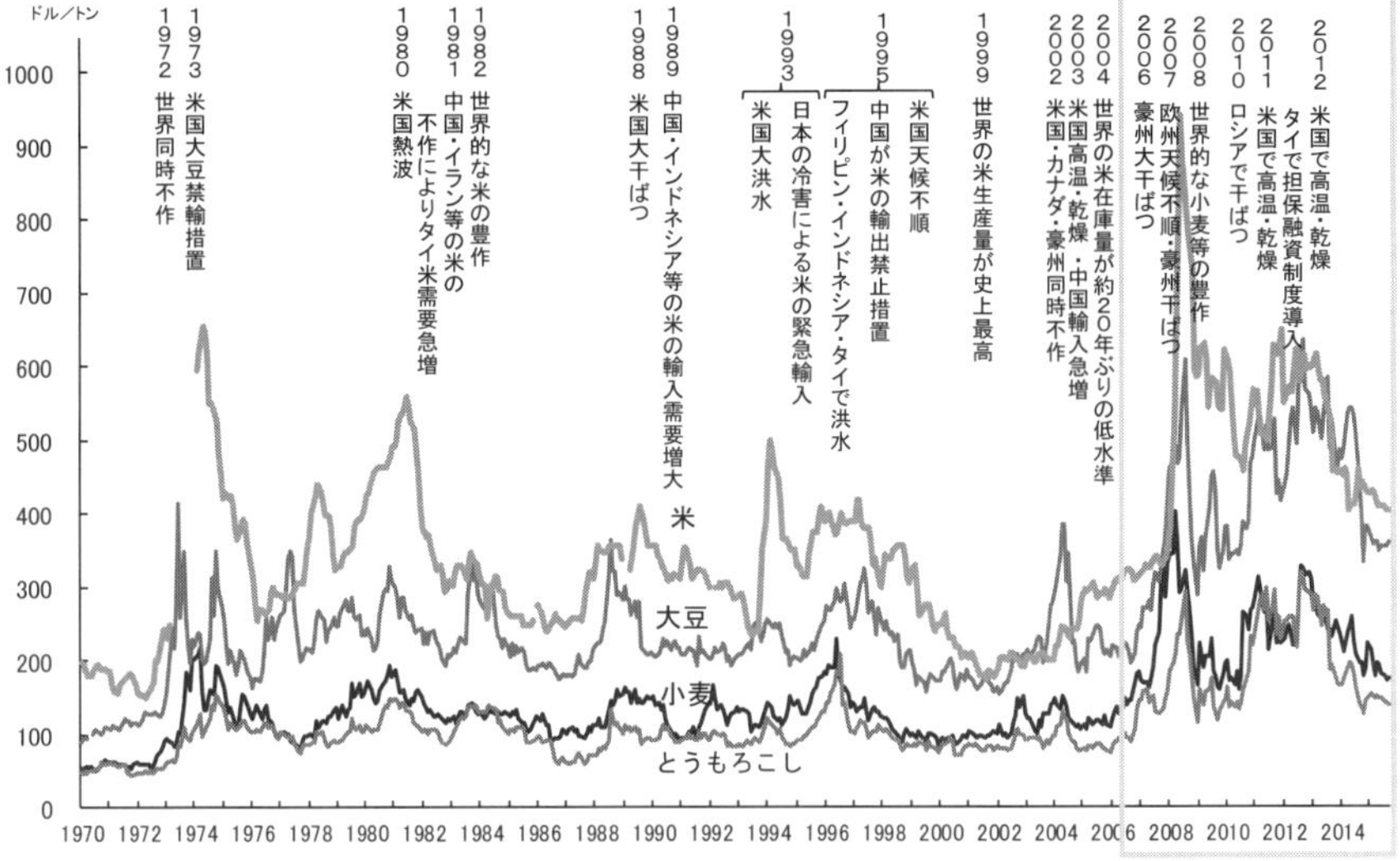

注：小麦、とうもろこし、大豆は、各月ともシカゴ商品取引所の第１金曜日の期近価格（セツルメント）である。米は、タイ国家貿易取引委員会公表による各月第１水曜日のタイうるち精米100％２等のＦＯＢ価格である。
出所：農林水産省ホームページ「世界の穀物需給及び価格の動向」

異常な高騰は、アメリカの住宅バブルとサブプライム・ローンの破たんで行き場を失った国際投機資本の一次産品市場への大量流入によるものでもあったが、穀物需給は全体としてひっ迫基調で推移し、穀物国際価格水準も高値が予測されている。

この国際穀物価格高騰の背景として、２０００年以降に世界の穀物在庫が減少し、１９７０年代の食料危機段階と同水準の20％以下にまで低下したことがある。ただし穀物在庫の急速な減少には中国における在庫の急減が大きく寄与しており、その他地域の在庫にはそれほどの変化はない。にもかかわらず、穀物価格の高騰はハイチ、フィリピンなど途上国の都市貧民の暴動やＥＵの穀物輸出関税の賦課、ロシアの穀物輸出国カルテルの提案などにつながり、ＦＡＯは、世界の食料安全保障に関するハイレベル会合［食料サミット］

（2008年6月）、主要国首脳会議［洞爺湖サミット］（2008年7月）、さらに2009年ラクイラG8の共同声明「食糧安全保障イニシアチブ」など、にわかに世界食料危機への国際社会の対応を求めさせることになった。

FAOを慌てさせたのは、途上国の食料生産を担う小規模家族農業経営の危機とともに、穀物輸入国によるいわゆる「農地争奪」（"Land Rush"）の動きが顕著になったことがある。農業に不可欠な水資源が枯渇する一方、オイルマネーで潤う中東産油国を中心とする食料輸入国が、土地と水が豊かな外国で事実上の農地大規模収奪と穀物生産に投資する動きが激化した。たとえば、サウジアラビア政府がウクライナ、パキスタン、タイや、スーダンに肥沃な土地を求め、トウモロコシ、小麦、米などを栽培する大規模プロジェクトを立ち上げ、その事業に民間企業が乗り出している。個々のプロジェクトの取得面積は10万ヘクタールを超え、生産された作物の大部分が本国に輸出される。FAOのジャック・ディウフ事務局長は、「自国の食糧安全保障を強化するために海外に農地を確保しようとする食料輸入国の動きは新植民地システムをつくりだす恐れがある」との警戒を発せざるをえなかった。

＊1996年「世界食料安全保障に関するローマ宣言」の目標達成を阻害したWTO体制

FAOが国際社会に飢餓や食料問題に対する本格的な取り組みを要請したのは、サヘル地域（サハラ砂漠以南の諸国）やウクライナの大干ばつを直接の原因とする1973年の世界食料危機に対して開催した世界食糧会議であった。

そして1990年代後半に発生した世界食料危機の再来と食料需給逼迫に対して、世界各国の首脳をFAO本部のあるローマに招集したのが、1996年11月の世界食料サミットであった。そこで採択されたのが、世界の栄養不足人口を2015年までに半減させるという目標を書き込んだ「世界食料安全保障に関するローマ宣言」と「行動計画」である。ローマ宣言は、1966年の国連総会で採択され1976年に発効した「経済的、社会的及び文化的権利に関する国際規約（社会権規約）」に盛りこまれていた「食料への権利」を、「全ての人は、十分な食料に対する権利及び飢餓から解放される基本的権利とともに、安全で栄養のある食料を入手する権利を有することを再確認する」としたうえで、8億人以上の飢餓・栄養不足人口が世界に存在し、この「地球的規模の飢餓と食料安全保障問題」を「世界的人口の増加等に鑑み、緊急に一致した行動をとることが必要である」としたのである。

ところが、ローマ宣言の前年1995年には、食料問題を抱える途上国に対しても農産物とくに穀物の輸入の自由化を強いた世界貿易機関（WTO）が成立しており、アグリビジネス多国籍企業の利害を代表したアメリカ政府などの圧力で、宣言にはコミットメント（約束）の4として「農業貿易政策及び全般的な貿易政策が、公正で市場指向の世界貿易システムを通じて、全ての人のための食料安全保障の向上に資するよう確保することに努める」が挿入されたのである。

そして、今世紀にいたる経過のなかで、最貧国における干ばつや、それも一因となった内戦が継続して国際社会はくりかえし緊急食料援助の実施を迫られ、2000年のミレニアム・サミットは「ミレニアム開発目標」の第一目標に「極度の貧困と飢餓の撲滅」を掲げざるをえなかった。さらに2008年の世界

図４　穀物貿易の動向（国・地域別穀物輸出入量の推移）

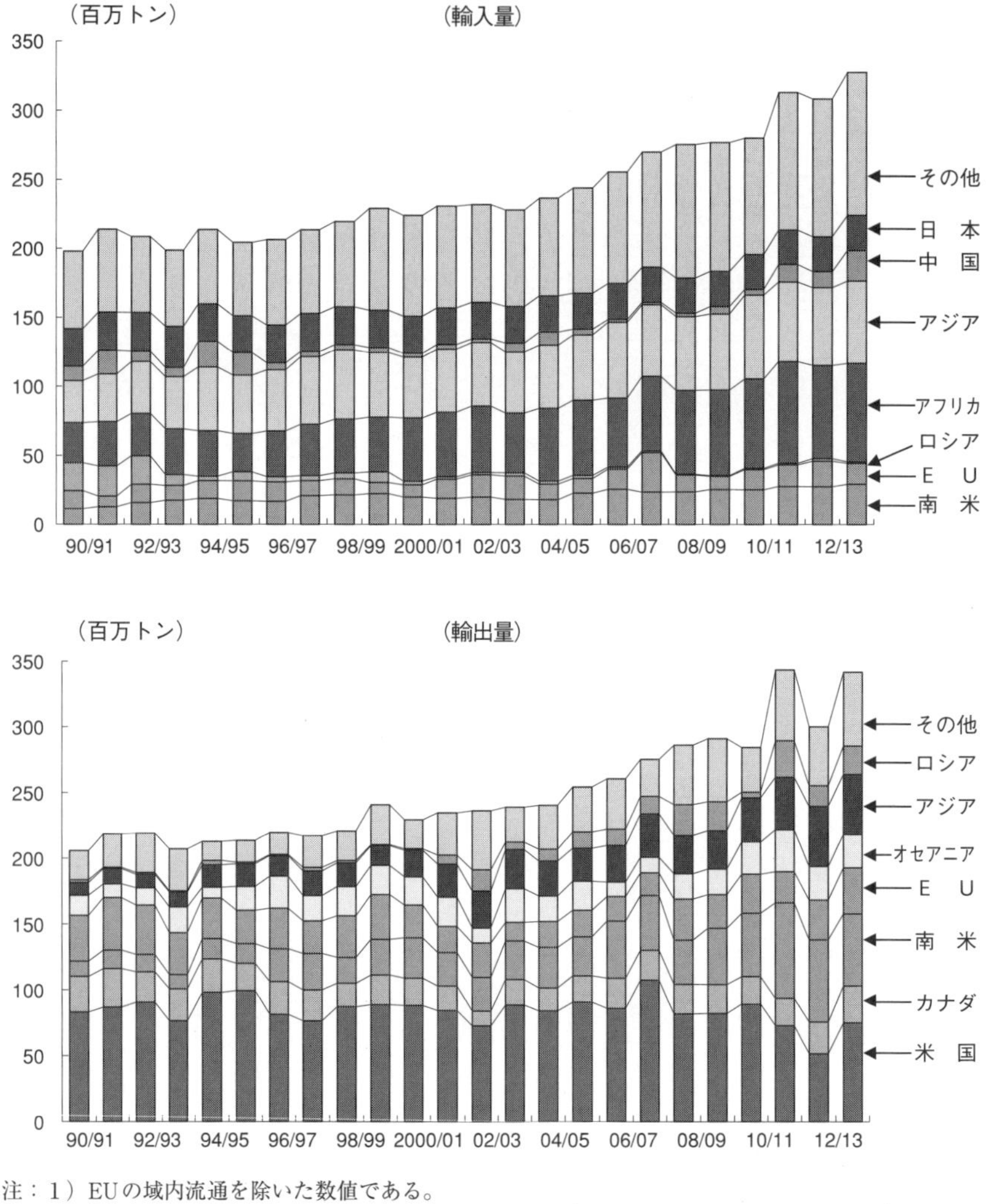

注：１）EUの域内流通を除いた数値である。
　　２）「アジア」は、中国及び日本及び中央アジア諸国（カザフスタン、ウズベキスタン等）を除く数値であり、中央アジア諸国の数値は「その他」に含まれている。
出所：農林水産省『海外食料需給レポート2013』35ページ。

食料サミットの「世界の食料安全保障に関するハイレベル会合宣言」も、２０１５年までに栄養不足人口を半減させることを喫緊の目標とすることを再確認したものの、国際社会は目標を達成していない。その証拠ともいうべきか、この間の世界穀物貿易は先進国ないし中心国から途上国、とくに最貧途上国の多いアフリカへの輸出傾向を強めてきたのである（図４）。

＊国連人権理事会「食料への権利」とビア・カンペシーナの「食料主権」

ＦＡＯを中心にした国際社会の世界の飢餓・食料問題の取り組み（食料安全保障アプローチ）は、ＷＴＯ自由貿易体制との妥協を迫られ、結果として期待された成果をあげていない。

他方、国連には「世界人権宣言」（１９４８年総会採択）の内容の具体化を図る役割を担う国連人権理事会（２００６年に国連総会に直結する常設理事会になった）が加盟国の義務としてすべての人の「食料への権利」の実現を求める議論を推進してきた。

国連の人権条約委員会のひとつである社会権規約委員会の規定によれば、「十分な食料に対する権利は、すべての男性、女性そして子どもが、一人でまたは他の人と共に、十分な食料又はその調達のための手段への物理的及び経済的アクセスを常に有するときに実現される。従って、十分な食料に対する権利は、これをカロリー、蛋白質及びその他の特定の栄養素の最低限をひとまとめにしたものと同一視するような狭くまたは制限的に解釈するべきではない」とされるものである。そして、国連加盟国には、国家としてすべての人が十分な食料にアクセス権を確保し、保護し、強化するために積極的に行動することを求めたのである。

国連人権委員会を舞台にこのような「食料への権利」の実現を求める動きが高まってきた背景に、1993年に設立され、「食料主権」の実現を求める農民運動を世界的に広げてきたビア・カンペシーナ（スペイン語で「農民の道」）の存在が大きい。ビア・カンペシーナにはわが国の農民運動全国連合会（農民連）が2005年に加盟しており、重要な構成団体になっている。

ビア・カンペシーナは、WTOの自由貿易体制に対抗する行動と真の農地改革の実現に重点を置き、上述の食料安全保障アプローチに対するオルタナティブとして「食料主権」を提唱した。ビア・カンペシーナのいう食料主権とは、「すべての国と民衆が自分たち自身の食料・農業政策を決定する権利である。それは、すべての人が安全で栄養豊かな食料を得る権利であり、こういう食料を小農・家族経営農民、漁民が持続可能なやり方で生産する権利をいう。食料主権には、多国籍企業や大国、国際機関の横暴を各国が規制する国家主権と、国民が自国の食料・農業政策を決定する国民主権を統一した概念である」。

ビア・カンペシーナは、食料主権の実現には以下のような政策が求められるとした。

①遺伝子組み換えや工業的農業から食品の安全を守る
②国内生産と消費者を保護するため輸入のコントロール
③貿易よりも国内・地域への食料供給の優先
④生産費をカバーできる安定した価格の保障
⑤輸出補助金つきダンピング輸出の禁止
⑥アグリビジネスによる買いたたきや貿易独占の規制

⑦完全な農地改革の実施

ビア・カンペシーナが食料主権を初めて提唱したのは、1996年ローマ世界食料サミットに並行して開催されたNGOフォーラムであった。この食料主権概念は、国連人権委員会の提起する食料への権利とほぼ同一のものとみてよい。

*2014国際家族農業年

このように、FAOの食料安全保障アプローチに対するオルタナティブである「食料への権利」の実現こそ世界の食料問題の解決と飢餓人口を減らす取り組みの本道であるという国際世論の高まりが、FAO自身の変貌につながった。本章の冒頭で紹介した2009年11月の食料安全保障世界サミットの宣言で、とくにその多くが女性に担われる小規模な家族農業への支援が求められるとしたことにその兆しがあった。

そして、2014国際家族農業年である。国連は第66期総会の2011年12月22日、2014年を「国際家族農業年」とすると決議した。国際家族農業年の意味するところは、飢餓を減らし、持続的な開発を実現するには家族農業経営が大きな可能性を有していることを国際社会に理解させようというところにある。

「食料不安に苦しむ人口の70％以上が、アフリカ、アジア、中南米、中近東などの農村部に住んでいる。彼らのうちとくに小規模農家が天然資源、政策や技術へのアクセスが不十分な家族農家である。貧しい家族農家は、適切な政策環境が効果的に整えられれば、直ちに生産力を向上させることができることが証明されている。本国際家族農業年は、家族農業が飢餓や貧困の緩和、フード・セキュリティ（食料保障）と栄養の供給、人々の生活の改善、自然資源の管理、環境保護、そして主に農村地域での持続可能な開発を達成することにおける重要な役割に世界の注目を集めることを目的にしている」（ＦＡＯ日本事務所による）。

“Food Security”（フード・セキュリティ）を、従来のように「食料安全保障」とせず「食料保障」と訳したのは、この文書ではそれが国家レベルの食料安全保障であるよりも、「すべての人の十分な食料への権利」であることが明確であることによっている。

ＦＡＯの委員会のひとつである世界食料保障委員会は、国連総会での国際家族農業年の決議の2か月前、２０１１年10月に、その下部機関である「食料保障と栄養に関する専門家ハイレベル・パネル」（パネルとは委員会ないし審査員団）に対して、２０１４国際家族農業年の理論的根拠を明確にする報告書をまとめるように求めた。そして、専門家ハイレベル・パネルの議論の結果が２０１３年10月に発表された『第6報告書・食料保障のための小規模農業への投資』である。

同報告書は先進国と途上国を問わず食料生産の大半を担うのは小規模な家族農業経営であること、家族農業経営の農産物市場へのアクセス改善、経営合理化のための投資資金の提供、農協など生産者組織の育成、さらに農村の生活インフラ整備などによって家族農業経営の食料生産力・食料自給力を強化することこそ、世界の飢餓・食料問題克服の本道であるとした。

私がこの報告書で注目したのは、「小規模家族経営のための国内市場を一定期間保護するためには、貿易政策と賢明な輸入規制がおそらく必要であろう。既存の市場や新規の市場へのアクセスを拡げることが、競争力と食料安全保障の双方にとってのカギである。多くの国際・国内開発機関が、輸出市場やニッチ市場に過大な期待を寄せているのは問題である」という指摘である。これはWTO農産物自由貿易体制、さらにそれを乗り越えようとする新自由主義ブロック型FTA・EPA、そしてTPPに対するFAOからのオルタナティブの提示であると理解すべきである（家族農業研究会・（株）農林中金総合研究所訳『家族農業が世界に未来を拓く』農文協、2014年2月、参照）。

なお、専門家ハイレベル・パネルの報告書に先んじて、ビア・カンペシーナは、2013年6月にインドネシアのジャカルタで第6回国際総会を開催した。そこで採択された政治宣言「ジャカルタからの呼びかけ」は、以下のように小規模経営が何を担っているかを確認している。

「国際的な小農民運動であるビア・カンペシーナには、88か国183組織の2億人を超える小農民、小規模生産者、土地のない人びと、女性、青年、先住民、移民、農場・食品労働者が結集している。われわれは、自らの最初の20年間のたたかいを祝うため、世界の小農民の過半数が生活するここアジアに集まった。われわれは1993年にはベルギーのモンスに結集し、九六年にはメキシコのトラスカラで食料主権という革新的ビジョンを提示した。新自由主義貿易アジェンダに抵抗し、それへの対案を構築する取り組みにおける中心的な社会的主体に小農民と家族農民男女を改めて位置づけることに成功した。われわれは、土地に根ざした者として、オルタナティブな農業モデルの構築においてだけでなく、公平かつ多様で、平等な世界を築くうえでも不可欠な主体である。われわれは、人びとに食料を提供し、自然を保護する。地球の保全についても将来の世代がわれわれに依拠している」（農民運動全国連合会「農民」第1079号、

2013年7月29日)。

ここで問われるのは、国際社会における飢餓・食料問題の解決に向けて、日本はどのような存在であり、どのように国際協力の道を歩むかである。

食料自給率が供給カロリー計算で40%、穀物自給率27%というわが国は、この5~10年のうちに大凶作が起これば、まだ外貨が残っているであろうから、国際市場で穀物や大豆を買い漁り国際穀物価格の急騰に火をつけることで途上国の貧しい人々に大迷惑をかけ、「やっかい者」になるのは目に見えている。

戦後50年に際しての村山談話(1995年8月15日)は、わが国が植民地支配と侵略によって、多くの国々、とりわけアジア諸国に人々に対して多大な損害と苦痛を与えたことにあらためて痛切な反省の意を表し、心からお詫びするとした。これを誠実に継承するかどうかが安倍首相に問われているが、村山談話には重要な続きがある。すなわち「独善的なナショナリズムを排し、責任ある国際社会の一員として国際協調を促進する」としているのである。安倍政権は村山談話の前段だけでなく、食料・農業問題でも「戦後レジームからの脱却」を標榜して、国際協調の促進という後段までも放棄しようというのであろうか。

TPPでアメリカやオセアニアなど新大陸輸出農業に日本市場を開放することは、国際社会が直面する食料危機・飢餓人口問題を考えれば、FAOが「すべての人の十分な食料への権利」の保障こそ国際社会の課題だとする国際協調の道から外れるものである。

第2章　世界的な農業危機

＊グローバリズムとWTO農産物自由貿易体制

１９７０年代後半から１９８０年代にかけての米欧間の農産物貿易摩擦は、アメリカにおけるバイオテクノロジーの発展に支えられた農薬・種子産業、食品産業、穀物商社などアグリビジネス企業の巨大化・多国籍化と支配力の強化を背景にした穀物や大豆、さらに食肉など畜産物の増産と補助金つき輸出攻勢、それに対するEUの共通農業政策（CAP）の価格支持政策に支えられた穀物増産と補助金つき輸出が生み出したものであった。

巨大穀物商社などの政治的圧力に押されたアメリカ・レーガン共和党政権は、１９８０年代にEUとの間で深刻となった農産物過剰と貿易摩擦の緩和をめざし、ガット（GATT　関税貿易一般協定）の多国間貿易交渉であるウルグアイ・ラウンド（UR、1986〜1993年）で、世界貿易機関（WTO）体制を構築することに成功した（UR交渉の妥結時にはクリントン民主党政権）。

第1に、1995年にスタートしたWTO体制は、1948年以来のガット体制（工業製品と農産物を事実上別扱いにし、農産物については国内農業を守るための輸入数量制限など関税以外の貿易障壁を容認する）を否定し、関税のみを許容する自由貿易体制を成立させるものになった。これがFAOを中心に1973年の世界食料危機以来続けられてきた世界の飢餓人口を減らそうという国際社会の取り組みの力を削ぐことになったことは第1章でみたとおりである。

また、重要であるにもかかわらずあまり知られていないこととして、1950年代以来の「国際商品協定」、すなわち砂糖、コーヒー、ココアなどの一次産品に関する貿易量を規制する緩衝在庫や輸出割当などによって国際価格の安定をめざす国際協調の取り組みが頓挫したことである。1952年に最初の「コーヒー協定」が成立したのは、ケネディ政権が推進者になったからであったが、クリントン政権は「コーヒー協定が非加盟のロシアなどのコーヒー豆の安価な輸入を抑えられない」ことを理由に1993年に脱退し、国際商品協定の推進者から妨害者に寝返ることを躊躇しなかった。

さらに、国連貿易開発会議（UNCTAD）が1976年の第4回総会で採択した「一次産品総合プログラム」など、途上国農業の安定的発展をめざす国際社会の農産物貿易管理体制強化にもストップがかけられた。一次産品総合プログラムは、広範な一次産品の価格安定と輸出所得の改善をめざす包括的国際措置として、一次産品共通基金を設立し、産品ごとの国際商品協定の締結を促進する意欲的な約束であった。

しかし、WTOの農産物自由貿易主義を最優先する新自由主義イデオロギーは、そのような国際的な貿易管理をアンフェアなものとして排除したのである。その結果うまれた国際商品市場でのコーヒー価格の暴落と長期低迷が「コーヒー危機」として途上国の生産農家を直撃した。それがヨーロッパやアメリカでの生産費を償う真っ当な価格で輸入しようという「フェアトレード運動」を広げることにつながったのである。

第2に、WTOは加盟国から国内農業保護のための自主的な農産物貿易政策の採用を奪うだけでなく、各国の国内農業政策を市場原理指向の新自由主義的農政に転換させるという合意も押しつけた。「WTO農業協定」は、米欧の補助金つき輸出による財政支出の削減を狙って、生産を刺激する農産物価格支持政策の抑制を求める「デカップリング」政策への転換と国内農業支持の削減を加盟国全体に押しつけたのである。穀物の生産過剰と貿易摩擦に直面して、それぞれの穀物農業の生産抑制（「構造調整」というあいまいな言葉が当てられた）を迫られたアメリカとEUが、穀物過剰生産国だけでなく輸入国にも構造調整を迫るものであった。穀物増産にポジティブな（すなわち〝カップル〟）価格支持政策から、穀物生産を抑制するネガティブな（すなわち〝デカップル〟）な政策に転換すべきだというのである。

このようにWTOにおいて農業分野にも新自由主義的政策を「国際基準」として押しつけるにいたった背景には、アメリカのカーギル社をはじめとする巨大穀物商社や農業・食品関連産業の巨大企業、すなわちアグリビジネス多国籍企業の力が強まり、アメリカ政府の農業・農産物貿易政策に決定的な影響を与えるに至ったことを見逃すことはできない。これがまさに1980年代に始まるアメリカと多国籍企業主導のグローバリズムであり、WTO体制であった。

＊なぜ〝デカップル〟なのか

これからの農業政策の方向をめぐる議論をわかりやすくするために、ＷＴＯ農業協定の基本理念になった国内農業政策から生産刺激となる政策を排除するいわゆる「デカップリング政策」についてもう少し解説しておこう。

デカップリング政策に理論的根拠を提供したのが、経済協力開発機構（ＯＥＣＤ）の第26回閣僚理事会（１９８7年5月）で承認された『農業委員会レポート・各国の政策と農業貿易』であった。レポートでは、国内農業助成が以下の４つに分類された。

(1)市場価格支持――二重価格、価格プレミアム、輸入割当・輸出自主規制、関税・輸入課徴金、国内消費スキーム、供給管理（生産割当・セットアサイド）、独占組織（マーケティングボード、輸入管理機関）

(2)直接所得支持――直接支払い（災害支払い、不足払い、家畜頭数・面積支払い、直接保管支払い）、輸入禁止補償、生産者が支払わされる課徴金（マイナス支持）

(3)間接所得支持――資本助成、利子減免（補給）、投入財助成（燃料、肥料、運賃など）、保険、在庫保管

(4)その他の支持――研究・普及・訓練、検査、合理化・構造改善、運賃減免、税減免、地方自治体の施策など

その分類基準としては、次の2つがあげられた。

第1に、農産物貿易への影響が直接的であるほど国内農業助成の「公正度」は低いものとされ、それには、①二重価格制や輸入関税・課徴金に代表される市場価格支持とともに、②不足払いも輸出国の場合は輸出補助金に相当するものとされた。そして③減反や生産割当などの供給管理計画、④輸入規制や輸出補助金などの「国境その他の貿易関連措置」が特定された。

第2に、国際農業摩擦の原因となった過剰生産にとってどの程度の要因であるかが問われ、「農業生産と結びついた助成」が「農業生産者の所得目標の達成におおかた失敗し、市場のバランス達成にも失敗して国際的な摩擦の原因になった」とされた。

OECDレポートは、貿易への影響が小さい助成と生産との結びつきが弱い助成こそが期待されるとする理念から、国内農業助成分類はいわばデカップリング度の低い助成から高い助成へ配列され、できる限りデカップリング度が高い助成こそ望ましく、どの国の農政もそうした方向への転換、要するに農産物価格支持政策から直接支払政策への転換が国際協調にとって必要だとする政策理念を提起し、UR農業交渉を方向づけたのである。

OECDレポートを作成したエコノミストたちは、自由貿易こそすべてとする新自由主義経済学を理論的バックボーンにしている。また、この提案は新自由主義が何かともちあげる「消費者利益」論に寄り掛かるという特徴がある。農業支持政策の市場介入・価格支持政策から直接支払いへの農政転換を、「消費者負担」から「納税者負担」への転換と読み替え、価格政策放棄による低農産物価格の実現、つまり「安いことは消費者にとって利益だ」とする考えである。これは、直接支払いは大規模経営層への支払いが巨額になり逆所得再配分につながることの免罪符としての社会的「公正」性を「消費者利益」に求めるものに他ならない。

新自由主義経済学は、国民が「消費者」として政策で支持された価格を直接負担するか、「納税者」として間接的に（税）負担するかを、あたかも本質的な差であるかのごとく主張する。「納税者負担のほうが消費者利益に適う、だからこそ社会的に公正だ」というのである。これはまさにジョン・K・ガルブレイスが指摘した「消費者主権という欺瞞」以外のなにものでもない。ガルブレイスは、『悪意なき欺瞞――誰も語らなかった経済の真相』（佐波隆光訳、ダイヤモンド社、2004年刊）で、消費者利益や消費者主権が資本主義経済を動かす根本的な動力源だというのは企業と企業経営者が現代経済社会を統治している現実を隠蔽する「悪意なき欺瞞」だと指摘したのである。

＊ＥＵの共通農業政策

西ヨーロッパでは、1958年にフランス、西ドイツ、イタリアにベネルックス3国（ベルギー・オランダ・ルクセンブルク）を加えた6か国で欧州経済共同体（ＥＥＣ）が成立し、関税同盟に始まって経済統合の道を歩み始めた。ＥＥＣで国際競争力をもつ重化学工業を擁するドイツに対抗したいフランスの要求で持ち込まれたのが、農業分野でも統合を進めることであった。わかりやすく言えば、西ドイツがアメリカから輸入している穀物をフランスがいただくというのが「農業市場の統合」の意味であった。それを具体化したのが共通農業政策（ＣＡＰ）である。ＣＡＰはフランスやドイツが第2次世界大戦後に構築した国内農業支持や対外保護を継承・融合して、①域内での農産物価格統一制度をめざすもので、これに②域外とくにアメリカ農業との競争から域内農業を優先的に支える原則と、③農業財政を加盟国の共同負担とすることを基本原則にした。具体的には、対外保護のために関税に加えて、可変課徴金によって国際価格と遮断した価格で域内農業を保護する体制づくりであった。それを１９６０年代半ばには穀物、牛乳・乳製品、食肉、砂糖、オリーブ油にまで広げたのである。それを「農業共同市場」といい、アメリカからの安い穀物が西ドイツ市場から締め出されることとなった。

穀物統一価格水準は、生産コストと市場価格がフランスよりも１・５倍も高かった西ドイツやイタリアの価格に引き寄せて設定され、しかも１９７０年代半ばまで毎年大幅に引き上げられた。西ドイツやイタリアの生産農家は安心して生産でき、フランスの農家には5割増しの価格がボーナスになり、大いに生産が刺激されたのである。さらに１９７３年に新加盟国になったイギリス、アイルランド、デンマークでも農産物価格支持水準の大幅上昇で広範な農産物の増産が刺激され、各国の農業生産力を飛躍的に高めることになった。とくにイギリスでは、加盟前のアメリカ型の「不足払い方式」による生産コスト補てん制度からＥＵの価格支持制度に転換することで、生産者価格は2倍近くに引き上げられた。その結果、農業者の生産意欲が大いに高まり、イギリスの食料自給率を一挙に引き上げることにつながったのである。

しかし１９７０年代半ばには、まず牛乳の増産によりバターなど乳製品の過剰（「牛乳の海、バターの山」と皮肉られた）、１９７０年代末には穀物、１９８０年代には食肉も構造的過剰になった。ＥＵ全体の食料自給率（１９８７年）は、穀物１１１％、砂糖１２７％、牛乳・乳製品１１０％、牛肉１０７％となった。

こうした過剰生産に対して、ＥＵの農産物価格支持制度の目標価格と介入価格の抑制によって生産を抑える政策への転換が開始された。価格抑制でも過剰生産を抑えられなかった酪農部門では、１９８４年に生乳生産割当制（生乳生産クオータという）が導入され、すべての酪農経営が割当量以上の生乳出荷を制限されることになった。介入買入れされた過剰在庫は１９８０年代末にピークに達した。払戻金付き輸出を含む過剰処理は価格維持制度に要する財政を急膨張させ、１９８８年には２８９億ＥＣＵ（エキュー、当時のＥＵの計算通貨）に達した共通農業財政はＥＵ総予算４１１億ＥＣＵの70％を占め、ＥＵ財政全体に重大な圧力になり、ここに及んでＥＵはＣＡＰの抜本的改革を迫られることになったのである。

ＥＵの過剰対策には、日本にはない補助金つき輸出での過剰処理が制度的に仕組まれている。日本がデンマークから輸入してきた冷凍豚肉（日本国内のハムメーカーにとって、なくてはならない原料）や、アイルランドから輸入してきた脱脂粉乳も、輸出補助金で国際価格水準に引き下げられた商品であった。

＊１９９２年ＣＡＰ改革に始まるＥＵの農政転換

ＵＲ農業交渉を主導的に妥結させたいＥＵは、ＣＡＰ改革に乗り出した。その出発点となったのが「１９９２年ＣＡＰ改革」であった。その要点は、以下のとおりである。

①穀物・油糧種子（ナタネやヒマワリ）・豆科牧草・サイレージ用トウモロコシ（牛の飼料、わが国ではデントコーンという）の作付けを五年間15％休耕させる。ただし経営規模がほぼ20ヘクタール以下の中小経営には休耕を免除する。

休耕率が15％と日本の稲作減反率よりも低い水準に抑えられたのは、補助金つき輸出がアメリカとの交渉で輸出金額・量ともに削減するもののゼロへの撤廃にはならなかったからである。また、案外知られていないのが中小経営に対する休耕免除である。休耕を零細経営にも一律負担させる日本の農水省の弱い者いじめとは大違いである。

②生乳生産割当制度は継続する。

③農産物支持価格を3年間で国際価格水準まで約30％引き下げる（図5）。

④耕種部門は価格引下げと減反にともなう農業所得減を100％、作付面積・休耕面積を基準に生産者に直接補償する（表1）。穀物の場合、加盟国ごとの平均1ヘクタール当たり収量×所得低下額45ECU（トン当たり）の「所得補償直接支払い」とされ、EU平均の単収4・6トンによれば平均補償支払額は1ヘクタール当たり207ECUとなった。休耕補償支払いも所得減補償支払いと同額とされた。ただし所得補償直接支払いをいつまで継続するかについては明確にされていなかった。

EUは休耕参加を条件として価格引下げによる所得減を補償する直接支払い、いわば過剰を抑制する「構造調整」に対する補償金を、WTO農業協定では暫定的に削減を免除される「青の政策」とすることを1992年11月のブレアハウス合意でアメリカに認めさせることでUR農業交渉の妥結に合意し、デカップリング農政への転換をリードすることになったのである。

ドイツで確認してみよう。図6に見られるように、穀物の生産者価格は支持価格水準の切下げにともなって確実に低下した。穀物平均価格は1991年度では340マルク／トンであったのが、1993年度では262マルクと78マルク（22・9％）下落、1995年度には246マルクと94マルク（27・6％）

図5　小麦支持価格（介入価格）引下げと国際価格

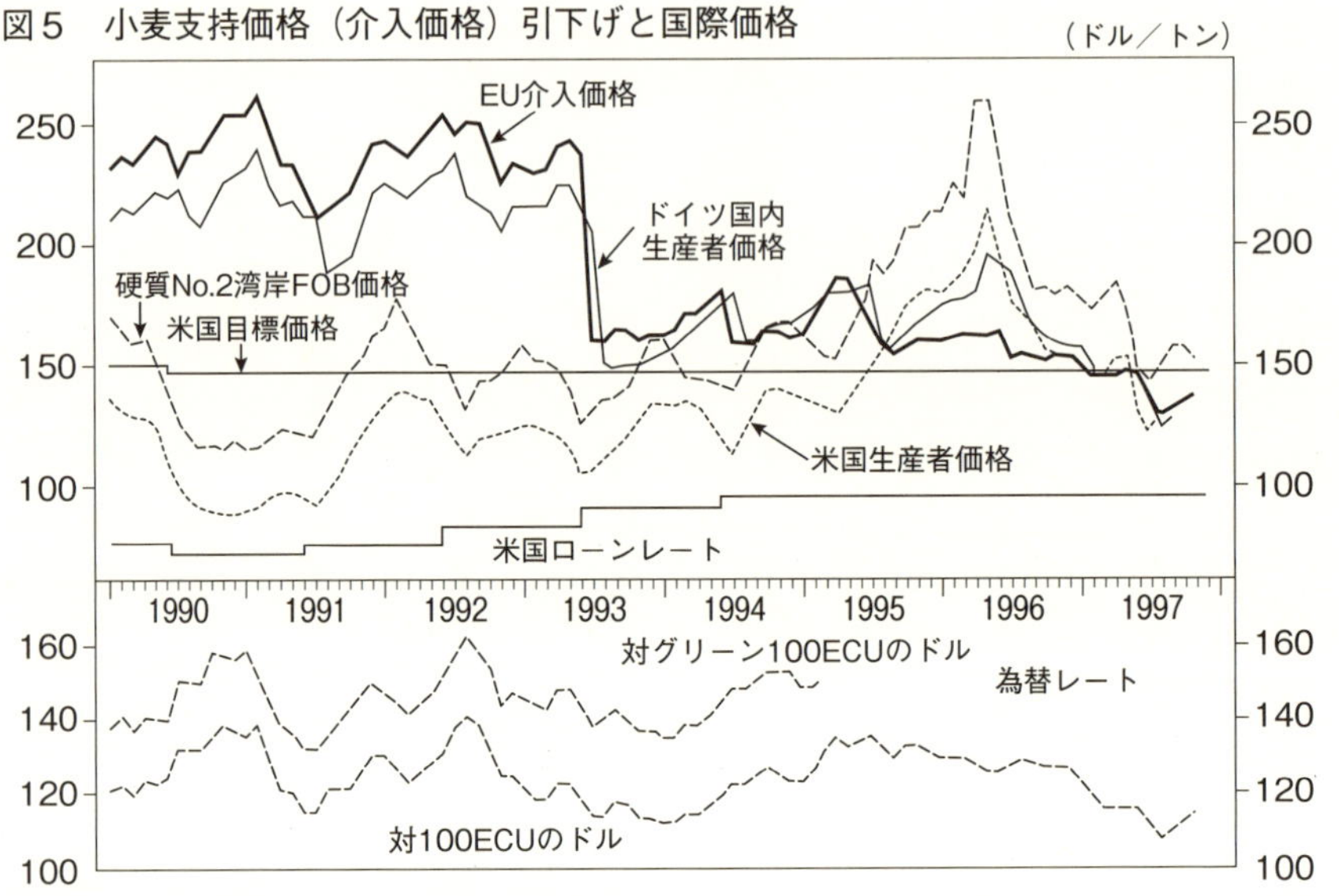

出所：Agrarwirtschaft, Jg. 47（1998）, Heft. 1.

表1　EUの直接補償支払い基準（ECU・マルク表示）

	ECU/t	ECU/ha	マルク /ha
穀物　（トウモロコシや穀物と油糧種子・豆類などの混播を含む）	54.34	304.30	593.28
デュラム小麦①		358.6	
②		138.9	
油糧種子	433.50	574.94	1,120.91
たんぱく質作物	78.49	439.54	856.94
亜麻	105.10	588.56	1,147.47
休耕	68.83	385.45	751.48

注：1 ECU＝1.94962マルクで換算されている。デュラム小麦（ECU/ha）については、1992年改革以前には伝統的な栽培地域については一般小麦よりも高い介入価格が設定されていたので、それを反映して伝統的な栽培地域には①の補償額が上乗せされ、半伝統的栽培地域にはそれよりも削られた上乗せ②がなされている。

出所：Die europäische Agrarreform Pflanzlicher Bereich, Bundesministerium für Ernährung, Landwirtschaft und Forsten, S.10などから作成。

図６　穀物の生産者価格（マルク／トン）

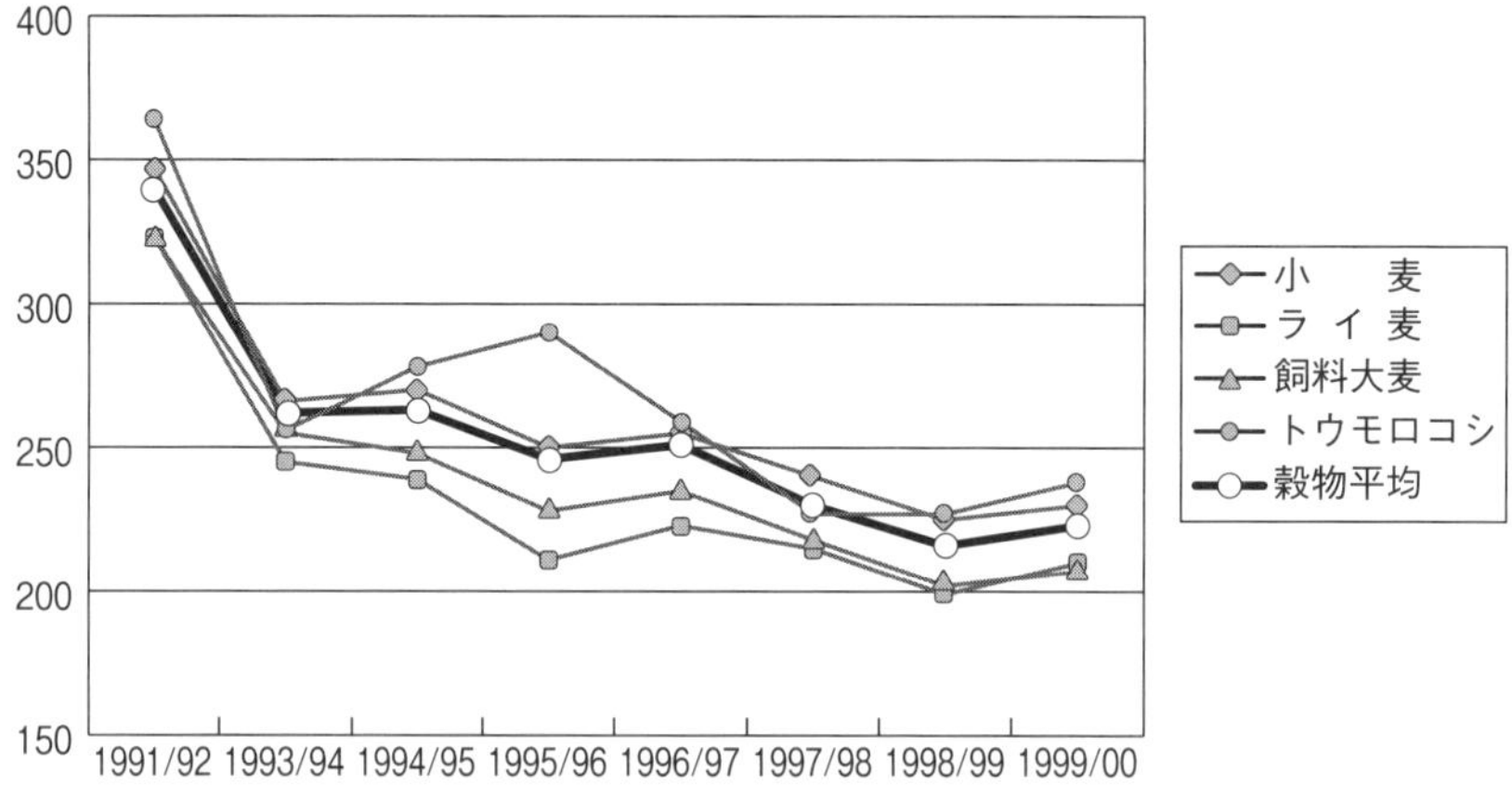

出所：Statistisches Jahrbuch für Ernährung und Landwirtschaft 2001, S318.

下落、１９９８年度には２１６マルクと１２４マルク（36・5％）下落となった。ところが、農業生産に必要な資材価格は穀物生産者価格のようには下がらなかったことから、生産者にとっては「１９９２年ＣＡＰ改革」の支持価格水準の大幅切下げは死活問題であった。そこでこの改革は支持価格水準の国際価格水準への引下げ、事実上の価格支持政策の放棄を生産農家に認めさせるために、農業所得の低下を１００％補償する直接支払い制度を創設したのである。

日本がＷＴＯ農業協定の受け入れにともない、生産者米価を支持する食糧管理法を廃止した際に、米価支持制度を持たない食糧法への変更に農業陣営が何らの補償も求めなかったのは何故であったろうか。

＊急激な農業経営解体と国際的農業危機

１９８０年代に顕著になったアメリカとＥＵの過剰農産物輸出競争のもとでの国際的な農産物価格の低迷、そして

1995年にに始まるWTO農産物自由貿易体制が各国の農業保護水準を切り下げさせるなか、世界的な農業経営の危機が一挙に露呈することとなった。EUでもアメリカでも、直接支払いなど公的助成金では支えきれない中小規模経営を先頭にハイテンポでの離農が進み、1990年代以降、毎年2%強の経営が減少する事態になった。

たとえばドイツでは1989年に65万3600戸を数えた農業経営は、WTO発足の1995年には56万6900戸、1999年には47万2000戸、2005年には38万9900戸、2010年には29万9100戸にまで減少している。とくに2005年から2010年の減少率は23・3%と、わずか5年の間に4分の1近くが離農している。

残った経営も公的助成金に支えられているものであることは、食料農業省の調査「農業経営が受け取った公的な直接支払い」で確認できる。公的助成金の中心はEUの直接支払いで、農用地1ヘクタール当たりで約300ユーロになる。これに条件に恵まれた地域との生産コストを埋める条件不利地域に対する平衡給付金、州独自の農業環境支払い、さらに農業用ディーゼル油補償金などが加わり、公的助成金の合計は農用地1ヘクタール当たりでは400~450ユーロになる。農用地規模が50~100ヘクタールの主業経営（日本の専業農家に当たる）の中規模層では、経営当たり2万8600ユーロになる。助成金総額は経営単位でみれば規模が大きくなるほど大きくなり、大規模層では5万ユーロ台に達する。ちなみに旧東ドイツの法人経営は平均46・6万ユーロもの助成金で支えられている。

1980年代以降のグローバリゼーションのもとで多数の農家が離農したことによる農業構造の変化は、とくに先進国では農業の工業化現象や自然環境への負荷問題をともなっていたところに特徴があった。そこで、世界的に農業経済学者などの幅広い共通認識となったのが「国際的農業危機」論であった。国際的農業危機の内容・要因は以下のとおりである。

第1に、近年の農業が国家財政による農場支持制度によって支持され、それが国家財政に重い負担となるとともに、輸出補助金によって農産物過剰を処理する試みが国際貿易摩擦の原因となって、ガットのウルグアイ・ラウンド交渉に示されたように農業保護水準を引き下げる世界的な動きを生んだ。農産物の生産者価格支持水準の低下は、農業所得の低下につながり、農場の多くを破産させ、現代営農システムに経済的な持続性があるかどうかが問題になるに至っている。国家の介入をさらに削減させる国際的圧力によって、農業は新しい経営環境に対して絶えざる調整を求められる時代に直面している。

第2の懸念は、現代の農業が温室、農場施設、機械動力などで、エネルギーとくに石油エネルギーに依存する度合いを高めていることである。食品流通もエネルギー依存度を高めており、現代農業のエネルギー依存は懸念を生み出すひとつの原因になっている。

第3に、現代農業が長期的に環境の持続性を保持できるかどうかが問われている。農地開発にともなう生垣や林地の消滅と景観問題、野生生物の生息地問題、残留農薬・食品安全問題など、第1の経済問題、第2のエネルギー依存性に加えて、現代農業の環境に及ぼす影響においても同様の疑問が生まれてきたのであって、それが「国際的農業危機」を構成するにいたっている。

以上は、国際的農業危機論を代表するイーアン・ボウラ『先進市場経済における農業の諸相』（小倉武一他訳、財団法人食料農業政策研究センター、１９９６年）からの引用であるが、国際的農業危機論の大枠のなかで、ＥＵ諸国では家族農業経営こそが基礎的な単位であり、地域農業とその担い手になっている家族農業経営を農業条件の不利な地域においても維持することが、国際的農業危機への対応として最も適切ではないかという議論が高まっている。第１章でみた２０１４国際家族農業年も、このような文脈から理解すべきであろう。

先に紹介した国連世界食料保障委員会専門化ハイレベル・パネル報告書が、西ヨーロッパやカナダでは小規模家族農業経営こそが国際的農業危機を構成する化石エネルギー依存の高まりや環境への負荷などを緩和・克服していくうえで最も適切な農業経営形態だとして、以下のように主張したことに注目すべきである。

「ＷＴＯ農業協定で削減対象外とされた農業保護政策であるいわゆる緑または青の政策の実施にともなうものである。たとえば①景観と自然財の維持、②生物多様性の保全、③保水、④エネルギー生産、⑤地球温暖化の緩和等の政策である。これらの政策が高品質食品・地域特産食品の生産と並んで重要な役割を果たしている。これらは西欧やカナダで卓越した流れになっており、ラテンアメリカやアジアの特定の地域でもみられるものであって、たいてい小規模農家が主要な担い手になっている」

第3章　有機農業と再生可能エネルギーの活用

＊有機農業運動が広がっている

ドイツの代表的な家族農業経営地帯であるバイエルン州やバーデン・ヴュルテンベルク州などの現場を歩いた私は、ＷＴＯ体制下の穀物や牛乳など主要農産物の価格低下に苦しむ中小経営の離農が相次ぐように心を痛めてきた。そのようななかで、農業でがんばろうという経営の選択肢のひとつが有機農業であった。

ドイツにおける有機農業運動は両大戦間期に始まるが、顕著な展開を見せるのは１９８０年代半ば以降である。牛乳や穀物の過剰問題が深刻化し、農産物価格支持水準の引き下げや１９８４年の生乳生産クオータ制度が導入されるなかで、有機農業がひとつの生き残り戦略になったのである。

有機農業は化学肥料や農薬にかかる経費を削減できるとともに、ドイツの消費者の多くが有機産品の価値を認めて、慣行栽培産品よりも確実に高価格で購入してくれるようになり、生産者が収益を確保できたことが背景にある。2009年のデータを例にとれば、酪農経営の1頭当たり搾乳量は慣行では7096キロであるのに対して有機経営は5585キロにとどまる。しかし、100キロあたりの生乳価格は、前者29・66ユーロ、後者42・96ユーロである。パン小麦は慣行栽培では1ヘクタール当たり収量7・8トンに対して有機栽培は3・4トンにとどまるが、100キロあたりの小麦価格は前者15・47ユーロ、後者は41・18ユーロである。

有機農業に取り組む経営と栽培面積は、全ドイツで1985年の1610経営・2万5000ヘクタールから、2000年の1万2740経営・54万6000ヘクタールに、2013年末には2万3271経営・106万7000ヘクタール（全農用地面積の6・4％）になっている。州別（2013年末）に見ると、参加経営数ではバイエルン州の6724経営（21・5万ヘクタール）、バーデン・ヴュルテンベルク州の6921経営（12・2万ヘクタール）という南ドイツの2州がドイツの有機農業運動をリードしている。

なお、ドイツ有機農業協会によれば、有機農業には以下のような基準を満たすことが求められる。

(1)作物・品種選択：①遺伝的多様性の保存、②有機農業として認証された農場産の種子や作物。

(2)輪作体系：緑肥作物およびマメ科作物が主作目ないし間作目として十分な割合をもつこと。

(3)施肥と腐植質の確保：①基本は自給の有機質、②無機質肥料は代替ではなく補充にとどまること、③合成窒素化合物、溶解性燐酸塩、高濃度純カリ塩や強化カリ塩の使用禁止。

(4)植物保護：①化学合成農薬の使用禁止、②病虫害は輪作、品種選択、土壌耕耘などによって予防、③有益な生物（益虫や益鳥など）の数を生垣、営巣地、湿地ビオトープなどによって増やすこと。

(5)家畜飼養：種に適した飼養方法の選択（家畜の種類によって異なる）。

(6)家畜飼養密度：最大で大家畜換算１ヘクタール当たり１・４頭。

(7)家畜飼料：購入飼料の割合を乾物量換算総飼料需要で、上限を牛の場合は10％、豚の場合は15％とすること。

なお、有機農業基準については、ＥＵ有機農業基準やドイツ有機認証とともに、独自の認証基準をもつ有機栽培連盟が8団体存在する。最大組織のビオラント（１９７１年設立）は５７８３経営、ナトゥアラント（１９８２年設立）２６１６経営、デメーター（１９２４年設立）１４４９経営、ビオクライス（１９７９年設立）９７５経営、ビオパーク（１９９１年設立）６３５経営、ゲア／エコヘーフェ（１９８９年設立）５０６経営、エコヴィン（１９８５年設立）２５０経営、エコラント（１９８８年設立）36経営である。いずれもＥＵ有機農業基準を最低基準として、その上に各連

盟独自の有機認証基準を付加している。有機農業経営2万3271経営のうち1万2140経営（52・2％）は8団体のいずれかに参加して独自の有機ブランドを消費者にアピールしようという戦略である。加盟していない経営もEU有機農業基準を遵守するものである。

ドイツにおける有機農産物の普及度については、2009年の消費者世帯の購買割合のデータがある。それによれば、有機産品の割合がもっとも高いのは鶏卵の6・3％で、以下、生鮮野菜4・9％、ジャガイモ4・6％、食用油4・3％、生鮮果実3・9％、パン3・8％、飲用乳3・5％、ヨーグルト（飲用ヨーグルトを含む）3・4％、チーズ1・7％、バター1・4％、食肉1・0％、肉製品・ソーセージ0・8％、鶏肉0・4％である。また、2009年にドイツ国内で販売された果実のうち有機産品の割合が高いのは、バナナ43・2％、リンゴ15・3％、レモン13・0％、オレンジ10・2％、キウイ4・6％などであった。

こうした有機農業運動のなかから、生産者の新たな農産物販売組織が誕生していることも注目される。今日のドイツでは酪農協同組合が存在する酪農部門を除いて、穀物、畜産経営はいずれも卸売会社や製粉会社、食肉加工会社に直接に農産物の販売を行っている。そうした状況のなかで、有機産品については直売所の開設や有機専門スーパーへの出荷のために生産者の加工販売組織が作られている。

以下にみるのは、それを代表する組織として近年注目されている「シュベービシュ・ハル農民的生産者協同体」である。

＊シュベービシュ・ハル農民生産者協同体

シュベービシュ・ハル農民生産者協同体（ゲマインシャフト Gemeinschaft を協同体と訳した）は、バーデン・ヴュルテンベルク州の州都シュツットガルトの北東ホーエンローエ地域に位置する小都市シュベービシュ・ハルの近郊ヴォルパーツハウゼンに本拠地を置く食肉加工販売団体である。地域在来豚品種の再生と有機農業を土台に、ホーエンローエ地域農業の維持展開に大きな成果をあげており、協同組合型の畜産加工販売組織として全ドイツに知られている。

１９５２年に生れ、大学農学部を卒業後、ドイツ政府の海外支援協力隊員としてザンビアやバングラデシュでの活動を経験後、帰郷して自家農業を継いだR・ビューラー氏の主導で１９８８年に設立された。上部団体をもつ協同組合法人ではなく、経済的社団法人という上部団体がなく完全に自立した活動ができる法人形態を選択している。ただし組合員１人１票制と組合員総会を最高決定機関とする協同組合法人の運営原理によって、組織運営がなされている。農民の自助を原則とし、ホーエンローエの「農民による下からの地域発展」をめざしている。

１９８０年代初頭、首や体にチョコレート色のまだらがあるモーレンケップレ種の豚（ドイツ語の「モーレンコップフ」は「チョコレートをかぶせたケーキ」の意）は絶滅危惧種になっていた。失われた伝統的在来品種とみられていたが、わずか７頭の雌豚と１頭の雄豚がいくつかの農場で生き残っていたのをビューラー氏が見つけ出し、１９８４年から周辺農家とともに復活事業（国際的に大いに注目されたプロジェクト）に取り組んだ。そして、1988年に8戸の農家で組織したのがシュベービシュ・ハル農民生産者協同体であった。現在、モーレンケップレ種は血統書雌豚が350頭に増え、3500頭の母豚が年間7万頭の子豚を産んでおり、EUの「地理的表示認証」を獲得している。

組合員は設立8年後の1996年には200戸、20年後の2008年には1000戸に増え、2015年初めには1412戸の農家が参加する強力な食肉加工販売団体となっている。参加養豚農家の平均的な飼育規模は4〜500頭であるが、50〜100頭の小規模農家も少なくない。最大規模経営は1500頭飼育（年間4000頭出荷）である。繁殖肥育一貫経営が半数を占める。生後6・5〜7か月飼育で125キログラムにまで肥育される。組合員の3割、450戸が有機経営として認証されている。

「地域の伝統的在来品種を活かして、心ある消費者の期待に応え、美味しく食べてもらえる食肉の生産加工販売」をめざしている。飼育する家畜は健康な餌を与えられており、有機認証農家でなくても成長促進剤、肉骨粉や遺伝子を組み換えた飼料など問題のある原料は禁止されている。この組織は、ドイツ国内でも有機食肉の生産と販売をリードする存在であり、高品質食肉事業はあらゆるエコテストで「優良」の評価を得ているという。

屠畜は自前の生産者屠場で行われ、家畜を長距離輸送で苦しめることはない。ここでは獣医の管理のもと、家畜保護に適正な方法で屠畜処理加工される。家畜は食肉品質で検査され、シュベービシュ・ハル農民生産者協同体の認証スタンプが押される。屠畜と販売が結合され透明であることが最高の原則とされ、食肉はまさに農民から直接に生み出されたものであることが強調されている。家畜飼育から屠畜にいたるまで、自発的に中立の研究機関であるラコーン食品研究所の管理を受けている。

組合員には、出荷する豚に対して市場価格を基準に、以下のようなプレミアム価格（枝肉1キログラム）をつけている。

一般市場価格（卸売価格・2015年1月第2週）　1・29ユーロ
一般プレミアム価格（市場価格+40セント保証）　1・70ユーロ
有機プレミアム価格　3・20ユーロ
放牧養豚プレミアム価格　3・50ユーロ

週当たり4000頭、年間20万8千頭（うち3分の1がモーレンケップレ種）出荷される豚のうち、ほぼ10%強（450頭/週）が有機豚である。放牧養豚は6年前に開始した事業である。飼育密度を草地1ヘクタール当たり15頭に制限している。これは有機・非有機とは別の基準である。放牧養豚で育てられた豚の出荷は増加傾向にあって、年間1000頭レベルになったという。

組合員からの買取量（週当たり）は、豚4000頭、牛（ホーエンローエ牛肉として有名）450頭、羊1000頭、子豚1000頭で、2013年の販売高は1億1千万ユーロに達している。販売先の大半がバーデン・ヴュルテンベルク州内および隣のバイエルン州で、35台保有するトラックで配送する。本部事務所のある田舎町ヴォルパーツハウゼンでは、直売所（自社製品350アイテムと同じバーデン・ヴュルテンベルク州のシュロツベルク有機酪農組合の飲用乳やヨーグルトなど近隣の有機産品を販売）とレストランを経営している。

シュベービシュ・ハル農民生産者協同体のグループ団体は、以下のとおりである。

・シュベービシュ・ハル農民生産者協同体（株式会社）

・エコラント（登録組合）

有機栽培連盟8団体のひとつ。1997年に設立され27経営が参加している。

・シュベービシュ・ハル農民屠場（株式会社）

2001年に、経営危機だった村営屠場を救済するため買収し、大改修を行って衛生改善と高品質食肉生産に適合するシュベービシュ・ハル生産者屠場にした。利用するのは組合員と近隣のいくつかの食肉業者である。農家からこの屠場への家畜の運送はできるかぎり短距離とされ、家畜保護規則に沿った屠殺が行われ、ただちに真正「ハル・ソーセージ」に加工される。

・エコラント（ハーブ・スパイス）

自然スパイス原料として、香りのよい在来品種のコリアンダー、キャラウェー、多種類のカラシ菜がバイオ栽培されている。熱帯産スパイスであるコショウ、ナツメグ、チョウジは南インドの1200家族とのエコ栽培プロジェクトで調達される。

・シュベービシュ・ハル豚品種改良協会

・公益財団農民の家

・シュベービシュ・ハル高品質肉・子牛生産者協同体

・真正ハル特産ソーセージ・ハム販売協会（有限会社）

・ホーエンローエ・ラム

・ホーエンローエ牛肉生産者協同体

図7　ドイツのバイオガス施設（1992—2014年）

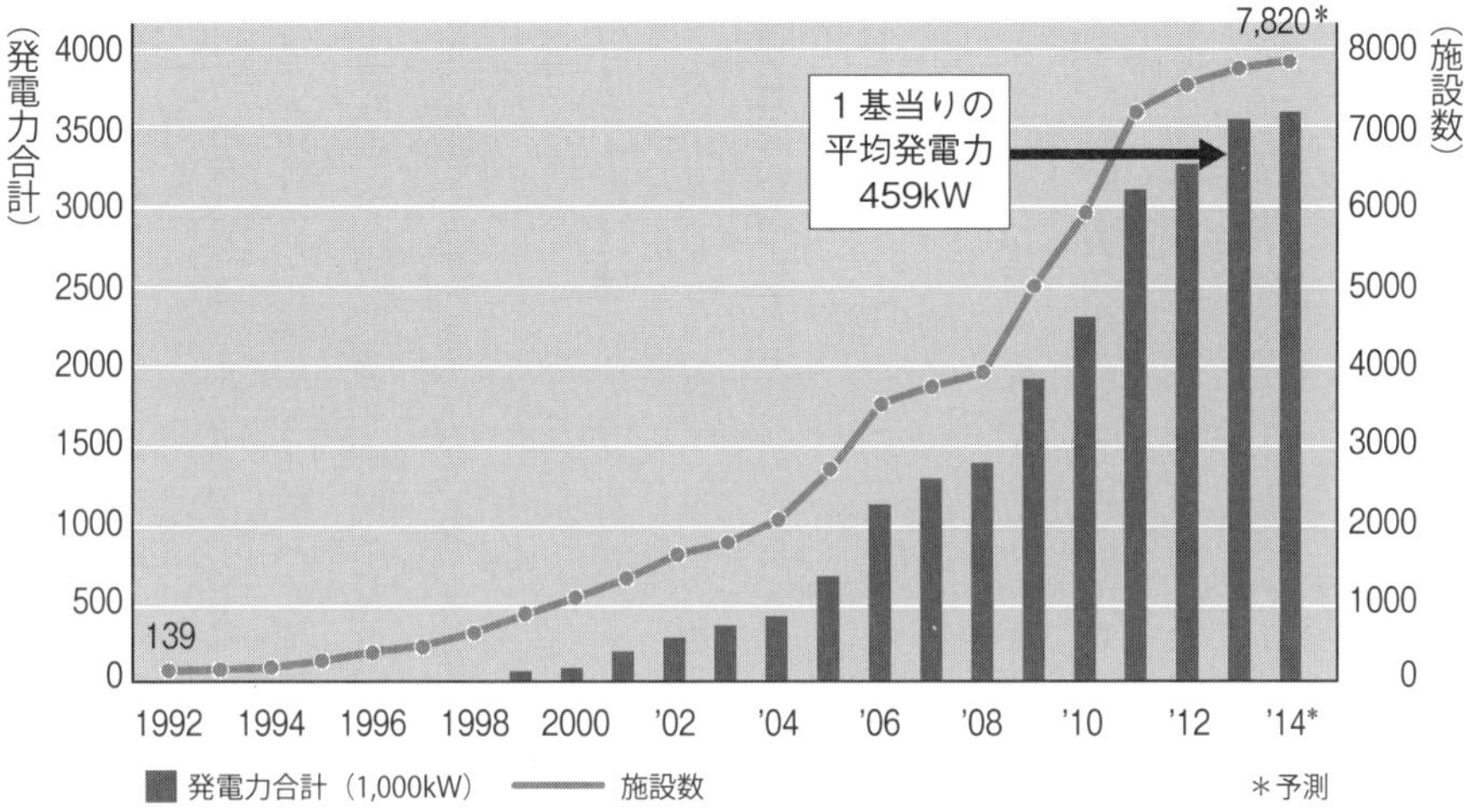

出所：Agentur für Erneuerbare Energie, Entwicklung von Biogasanlagen in Deutschland（インターネット）

・シュベービシュ・ハル農業改良普及所（登録組合）

バーデン・ヴュルテンベルク州が運営する農業改良普及センターでは、この組織がめざす農業、すなわち有機農業を重視する技術指導が十分には期待できないこともあって、自前の農業改良普及所を設立し、5名の農業改良普及員を配置して組合員への営農指導を行わせている。

＊酪農危機にバイオガス発電で対応

南ドイツの農村を歩くと、太陽光発電パネルが住宅の畜舎の屋根に張られ、風力発電の巨大な風車が回っている景色とともに、モンゴル遊牧民の移動式住居であるゲルのような形をした緑色の大型メタン発酵槽をいたるところで目にする。バイオガス発電施設である。

エネルギー大転換を掲げて2020年までに残る9基の原発をすべて停止させ、再生可能エネルギーへの転換を図るという決断をしたドイツでは、「再生可能エネルギー100％の村おこし」運動が全国で進んでいる。2000年に再生可能エネルギー法を制定し、20年間にわたる電力の固定価格買い取り制度を発足させたことが刺激になった。太陽光や風力発電に加えて、家畜糞尿やエネルギー作物をメタン原料とするバイオガス発電事業や木質バイオマス利用が広がり、電力と熱供給（村内への温水供給）の自給自足と、そこから得られる収益を村民の所得向上に活用する運動が広がっているのである。村民が自由に参加できるエネルギー協同組合の立ち上げが、村外の企業に地域の自然エネルギー資源を売り渡すのを防いでいる。

2014年には、全国で新設のエネルギー協同組合は750を超え、バイオガス発電施設は7960、出力合計380万キロワットにもなる。四国電力が再稼働を焦る伊方原発3号炉（1994年稼働）の出力が89万キロワットであるから、ドイツのバイオガス発電は原発4基分を凌駕するまでになっている（図7）。

バイエルン州で始まった酪農経営のバイオガス発電は、生産者乳価が一キログラム当たり35～40セントに低迷するなかで、離農するかどうかを迫られた経営の窮余の一策となった。

ドイツ食料農業省の農業統計調査に、農業経営のうち農業所得以外の農外所得を得ている経営がどの程度あるかのデータがある。2010年では、総数29万9130戸のうち9万2130戸（30・8％）、すなわち3割の農家が農外所得を得ている。農外所得を種類別に統計表の順番でみると、①グリーンツーリズムなどの観光9280戸、②手工業190戸、③農産加工1万3160戸、④再生可能エネルギー生産3万7370戸、⑤木材加工5400戸、⑥水産業730戸、⑦林業2万2580戸、⑧契約による仕事

(たとえば農業機械の利用仲介団体であるマシーネンリンクの作業受託)２万３０４０戸となっている。再生可能エネルギー生産が農外所得である農家は、農外所得のある農家のなんと40・６％にも達している。

＊レールモーザー農場の戸別バイオガス発電

ミュンヘンの南、バイエルン・アルプスにほど近い小村オーバーヴェルタッハの酪農経営のバイオガス発電事業を紹介しよう。

レールモーザー農場は搾乳牛70頭規模の酪農経営である。55歳の経営主ヨハン・レールモーザー氏と17歳の男子実習生との２人の労働力で経営されている。経営農用地は72ヘクタール(うち借地37ヘクタール)で、うち耕地が48ヘクタール、草地が24ヘクタール。他に林地を29ヘクタール所有している。乳牛頭数と農用地規模からみて、ほぼ中堅の家族専業経営である。

耕地では、ホールクロップのサイレージ用トウモロコシ30ヘクタール、小麦７ヘクタール、冬大麦４ヘクタール、トリティカーレ(小麦・ライ麦雑種)４ヘクタールを栽培。トウモロコシの栽培面積が耕地の６割も占めるのは、それが牛の飼料だけでなく、バイオガス発電のメタン原料になるからである。

搾乳牛70頭に加えて、肥育用子牛70頭の生後５週間から４か月間育成を複合している。搾乳牛も肥育牛もバイエルン州伝来種の「まだら牛」である。ホルシュタインより肉質が優れ、肉用としての販売単価が高いからだという。年間の生乳出荷量は５５５トンで、搾乳牛１頭当たりの平均年間搾乳量は７９００キログラムになる。飼料は、自給のトウモロコシ・サイレージと牧草サイレージである。出荷する生乳(平均乳脂肪率4・1％・乳蛋白3・5％）の価格は1キログラム当たり36セントで、年間生乳販売額はほぼ20万ユーロである。生乳価格が36セントというのは、わが国の生乳価格の最低水準である北海道加工原料乳価格（補助金付き）の3分の2以下の水準である。EUの直接所得補償支払い（約1ヘクタール当たり350ユーロ、72ヘクタールで2万5200ユーロ）や条件不利地域対策平衡給付金で農業所得を補てんするにしても、この乳価水準ではいかに自給飼料率を高めても酪農経営として存続するのは厳しい。

レールモーザー農場がバイオガス発電事業を立ち上げたのは、2001年である。農用地が50ヘクタール規模で、肥育用子牛を300頭飼育する隣家とのパートナーシップ型共同法人（2人でも設立できるドイツで最も簡便な法人組織）として運営している。牛舎に隣接して設置された750立方メートルの地下埋設型メタン発酵槽2基、130立方メートルのガス貯留槽1基、最大出力150キロワットのコジェネレーター（熱電併用ガスエンジン）や付属施設に要した初期投資額は75万ユーロにのぼった。資金は全て地元の協同組合金融機関であるライファイゼンバンクから借り入れた。2000年に「再生可能エネルギー法」で20年間の電力固定価格買い取り制度が発足しており、初期投資が確実に回収できる見通しがあり、ライファイゼンバンクは3％の利子を確実に得ることができるので融資は問題なく獲得できた。

牛の糞尿は牛舎からベルトコンベヤーで自動的にメタン発酵槽に投入され、トウモロコシ・サイレージなどのメタンガス原料は、1日に2回、トラクターに装着されたショベルで投入される。バイオガス発電に要する労働力は、ほぼこの原料投入作業に限られる。

ガスエンジンの平均出力は140キロワットと効率的で安定した運転ができている。それを動かすメタンガスの発生原料の構成では、牛糞尿は30キロワット分（20％強）にとどまり、110キロワット分（ほぼ80％分）は、サイレージ・トウモロコシ・牧草と穀物である。そのうちサイレージ・トウモロコシが60キロワットと過半を占め、これにサイレージ牧草30キロワット分、小麦・大麦など穀物が15キロワット分で、残りが未熟ライ麦だという。未熟ライ麦は、草地の牧草を10月に刈り取った後に播種され、翌年5月に収穫される。固定価格買い取り制で保証された売電から収益をあげるには、バイオガス発電の出力を高めることが必要になる。ところが畜糞は有機物含有量が少なくメタンの発生量が少ないために、畜糞を補完する原料が必要となるのである。ちなみに、牛糞が1トン当たり17立方メートル、豚糞で45立方メートルのメタン発生量にとどまるのに対し、穀物では320立方メートル、トウモロコシ・サイレージでは106立方メートル、サイレージ牧草では100立方メートル、未熟ライ麦では72立方メートルと、畜糞に大きく勝るメタン発生量である。トウモロコシ・サイレージが原料として大きな位置をしめるのは、ホールクロップであるため、収量が1ヘクタール当たり45～50トンと、一般穀物（実取り）の収量（6～7トン）の6～7倍もあるからである。こうして、レールモーザー農場でも、トウモロコシの栽培面積が経営農用地の半ば近くをしめることになったのである。

発電した電力は、電力会社エー・オン社に1キロワットアワー23セントで売られる。施設のメンテナンス等で年間2週間ほど発電を停止することを計算に入れると、年間の売電額は（140キロワット×24時間×350日×0・23ユーロ）＝合計約27万ユーロになる。これは生乳の販売額20万ユーロの1・35倍に相当する。

メタンガス発生後の消化液は液肥として両家の農地に撒布される。コジェネレーターから発生する熱は両家の畜舎や住居の暖房用に活用され、追加の灯油暖房が必要なのは一年のうち冬期の3～4週間に限られるという。バイオガス発電装置の運転経費の大半はメタン原料費である。レールモーザー農場の農家所得のうちバイオガス発電から得られる所得は35％に達するという。

当然のことながら、今後の経営戦略は、農業（酪農・肉用子牛育成）とバイオガス発電をともに現在の規模で継続するということになる。現在でも低水準の乳価は、今後の見通しが立たない。２０１５年４月にはＥＵの生乳生産クオータ制が廃止された。生乳価格はさらに不安定になるだろう。これに対してバイオガス発電事業は、20年間にわたる固定価格での電力買い上げが保証されている。もちろんドイツの近年のインフレ率は２・４％とインフレ傾向であるので、バイオガス発電にかかるコストも将来的には固定価格を上回る可能性も予測されないわけではない。しかし、ともかくも小規模バイオガス発電の買い上げ固定価格が１キロワットアワー23セントに設定されていることが、新設設備の減価償却、つまり初期投資の回収を保証しており、この事業が酪農経営にとって生き残りの大きな手段になっているのである。

＊再生可能エネルギー１００％の村おこし

バイエルン州最北端フランケン地方レーン・グラプフェルト郡の小村グロスバールドルフでの再生可能エネルギー事業を紹介しよう。この村は、２０１３年の全ドイツ「再生可能エネルギーによる村おこし」表彰を受けた全国３村のひとつである。私は、２０１２年秋以来、再生可能エネルギーによる村おこし事業のモデルとして、脱原発・再生可能エネルギー事業に関心をもつ人びとをこのグロスバールドルフ村にスタディツアーを企画して案内している。

グロスバールドルフの航空写真（同村ホームページより）

■スペイン資本に太陽光を売り渡すのか

グロスバールドルフは250戸、村民合計950人という、この地域に典型的な集村（住居がかたまっているので塊村ともいう）である。1955年に125戸あった農家は、現在ではわずか14戸にまで減っている。総土地面積1600ヘクタールのうち、農地が1300ヘクタールを占める。エネルギー生産に関しては、戦前1921年に、村のカトリック教会の司祭をリーダーとする風力発電組合が設立された歴史があるという。

この村で最初の再生可能エネルギー事業は村営の太陽光発電事業である。2005年と2007年の2次にわたって合計1800キロワットの計画で、離農者からの借地による農地8ヘクタールにソーラーパネルを並べた太陽光発電設備になった。初期投資額760万ユーロのうちの100万ユーロは村民100人の1株2千ユーロの出資で、残りの660万ユーロはライファイゼンバンクなどからの借り入れでまかなった。電力は35セント／キロワットアワー（20年間保証）でエー・オン社に売却されている。当初、スペイン資本の企業がメガソーラー適地としてこの村に目をつけたが、なぜスペイン資本なのかということになり、村長（任期5年の公選制で無報酬）の呼びかけに応えて自分たちで投資することになったという。

■ライファイゼン・エネルギー・グロスバールドルフ協同組合の設立

2009年11月に、設立組合員40名（出資金1人100ユーロ、合計4千ユーロ）でライファイゼン・エネルギー・グロスバールドルフ協同組合（以下、村エネルギー組合と略）が設立された。2012年には組合員は154名、村民の6割が参加し、出資金総額は62万ユーロになっている。

村にエネルギー協同組合をつくろうという村民の合意を後押ししたのが、郡レベルで再生可能エネルギーを推進しようと立ち上げられたコンサルタント会社「アグロクラフト社」である。アグロクラフト社は、農家のほとんどが組合員であるドイツ農業者同盟の郡支部と、郡マシーネンリンクが50％ずつ出資して2006年に設立された。大電力会社や大企業にレーン・グラブフェルト郡のエネルギー資源を売り渡すのではなく、村の再生可能エネルギー資源をフルに活用して、100％再生可能エネルギー地域づくりをめざそう。F・W・ライファイゼンが19世紀なかばに、「村のお金は村に！」をスローガンに農村信用組合を組織したことに学び、すべての村民が参加できるエネルギー協同組合を立ち上げて再生可能エネルギー資源を自分たちで開発することで、地域経済循環の実現をめざそうという同社の提案に村長がいち早く応え、村民を説得したのである。

村エネルギー協同組合は、２００９年には村営サッカー場観客席太陽光発電事業（１２５キロワット）、２０１０年には村倉庫太陽光発電事業（15キロワット）、２０１１年にはバイオガス発電事業に取り組んだ。

■44戸の農家が参加するバイオガス発電事業

アグロクラフト社と村エネルギー協同組合が音頭をとり、２０１１年11月には、バイオガス発電事業のためのアグロクラフト・グロスバールドルフ社が設立された。郡都バート・ノイシュタットに本部を置くアグロクラフト社の支社ではなく、独立した有限会社組織である。初期投資額は３７０万ユーロで、コジェネレーターによる発電は６２５キロワット、熱供給量６８０キロワットの規模である。年間発電量は約５００万キロワットアワーで、エー・オン社に１キロワットアワー23セントで売却され、売上高は１１５万ユーロとなる。

村内の農家14戸全戸に、村外半径８キロ圏内の30農家を加えた合計44戸が参加している。一株２５００ユーロの出資で総額２５０株、62・５万ユーロになった。参加の要件は、出資一株に対してサイレージ用トウモロコシ１ヘクタール生産量（45～50トン）のバイオガス施設への供給義務を負うことである。農家にはトウモロコシ１トン当たり35ユーロが支払われる。２人が施設管理に雇用されている。これら経費を差し引いても、出資金には10％を超える配当がある。

参加農家44戸のうち、養豚経営１戸（年間に肉豚を２５００頭出荷）と酪農経営４戸の畜産経営は、家畜糞尿の処理が楽になっただけでなく、糞尿が有料（1トンあたり5ユーロ）でバイオガス施設に引き取られ、サイレージ用トウモロコシの有料供給、高率の出資配当など、バイオガス発電事業による経営多角化で、農家所得を確実に増加させている。メタン原料としてトウモロコシをバイオガス施設に供給する穀物農家（大半は兼業農家）も確実な収益を確保できる。これが、酪農地帯を先頭に全ドイツでバイオガス発電事業が農家の生き残り手段を提供し、全国的なバイオガス発電事業ブームを招いたのである。

グロスバールドルフのバイオガス発電は、農家が戸別にバイオガス発電施設をもち、メタン原料のためのトウモロコシの過剰栽培を招いた酪農地帯とは異なって、協同バイオガス発電事業に参加する方式であるため、トウモロコシの栽培面積は合計250ヘクタールと、村内だけでなく半径8キロのエリアで農地面積の10％以下に抑えられている。その結果、トウモロコシ―冬大麦―小麦の3年輪作を維持できているという。さらに、農地の肥沃度維持のため、緑肥としての冬ナタネの栽培に加えて、メタンガス発生後の消化液が液肥として撒布される。液肥は参加経営にその出資高に応じて戻される。液肥1立方メートルの肥料分は、窒素4・4キログラム、リン酸1・2キログラム、カリ3・9キログラムである。これによって、液肥撒布量は9800立方メートルあるので、窒素肥料160トン、リン酸肥料26トン、カリ肥料96トンを節約でき、撒布のためにダンプカーを走らせる必要もない。こうして、この村のバイオガス発電事業では、過剰なトウモロコシ作付けや、トウモロコシの長距離輸送といった問題の発生が抑えられている。

■村協同組合の直轄事業としての地域暖房システム事業

バイオガス発電のコジェネレーターで生み出される余熱を利用しての温水（90℃以上）を村内に供給す

る事業が、村エネルギー協同組合の事業として２０１０年から２０１２年にかけて立ち上げられた。

家畜糞尿とトウモロコシを原料とするバイオガス発電事業は農家の事業である。その収益は農家への配当原資であり、出資者はメタン原料を供給できる農業者に限定される。したがってその運営は農業者の協同体（ゲマインシャフト）としてのアグロクラフト・グロスバールドルフ社がふさわしい。ところが、その余熱利用の地域暖房システム事業は、村民が広く利益を受けるところから、村民すべてに開放された協同組合事業として立ち上げるという組織上の工夫がなされている。バイオガス発電事業で原料のトウモロコシを供給する農家への配当に見合う利益を村民にも保証することで、村内にねたみを生まれさせない配慮だという。

温水供給をしているのは村内の１２１件で、村に立地している自動車部品工場も含まれる。戸別に地下に設置した灯油ボイラーの温水で全館を暖房する暖房設備が古くなって更新期を迎えた村民から、地域暖房システムに参加している。それは、このシステムのほうが配管を接続する経費が安く、通常の暖房施設設置費1万5千ユーロに対して５５００ユーロで済むからとのことであった。各家に総延長6キロメートルの配管が延び、90～95℃の温水が供給される。各戸には熱交換機が置かれ、暖房用だけでなく台所や風呂用にも温水が確保できる。温水価格は灯油価格・1リットル75セントに相当する1キロワットアワー9セントで10年間の固定価格である。今後の灯油価格の上昇に対して、温水供給を受ける村民には確実に有利である。

■グロスバールドルフは大きくエネルギー転換

こうしてグロスバールドルフでは、2005年以降大きなエネルギー転換が進むことになった。2011年までの再生可能エネルギー生産施設への投資額は、①村民太陽光発電事業760万ユーロ、②村営サッカー場観客席太陽光発電事業49万ユーロ、③村倉庫太陽光発電事業5万ユーロ、④バイオガス発電事業370万ユーロ、⑤バイオガス発電施設屋根利用太陽光発電事業19万ユーロ、⑥地域暖房システム事業300万ユーロなど、合計1503万ユーロにも達する。2011年には760万キロワットアワーの電力が生産されており、これは村内電力消費量合計160万キロワットアワーの475%、熱エネルギー生産では288万キロワットアワーで村内の熱エネルギー消費量合計320万キロワットアワーの90%という自給率になる。本村が、100%再生可能エネルギー村づくり運動の先進例のひとつとされるゆえんである。

アグロクラフト社専務のM・ディーステル氏は「グロスバールドルフおよびその周辺地域には経済全体に多面的な効果として年間ほぼ350万ユーロがもたらされている。既存の就業機会の安定性が増し、さらに増加の可能性があり、若い世代に彼らの故郷の村に将来性のあることを感じさせることができる」という。若い世代の農村流出を防ぐための再生可能エネルギー資源を活かした村づくりでもある。私には、これが「国際的農業危機」下のドイツの農村の現実なのだと思わされたのである。

第2部

安倍政権がすすめる日本農業解体への道

第1章　日本農業の危機と再生の方向はどうあるべきか

＊農業危機の現状

日本の農業・農村の疲弊も１９８０年代以降の国際的農業危機の一環として捉えられ、ＷＴＯ体制下のＥＵ農業の危機と本質的に同等の要因によるものである。農村の現場に動揺が広がっている。日本農業の現状をどうみるか。安倍政権が２０１５年3月に閣議決定した新しい「食料・農業・農村基本計画」は、冒頭でこのように述べている。少し長いが引用しよう。

「農業就業者の高齢化や農地の荒廃など農業・農村をめぐる環境は極めて厳しい状況にあり、多くの人々が将来に強い不安を抱いているのが現状である。都市部に先駆けて高齢化や人口減少が進んできた農業・農村では、今後、高齢農業者のリタイアと農業就業者の減少により、地域によって次世代への農業経営や

図8　飲食費のフロー（2005 年）

（単位10億円）

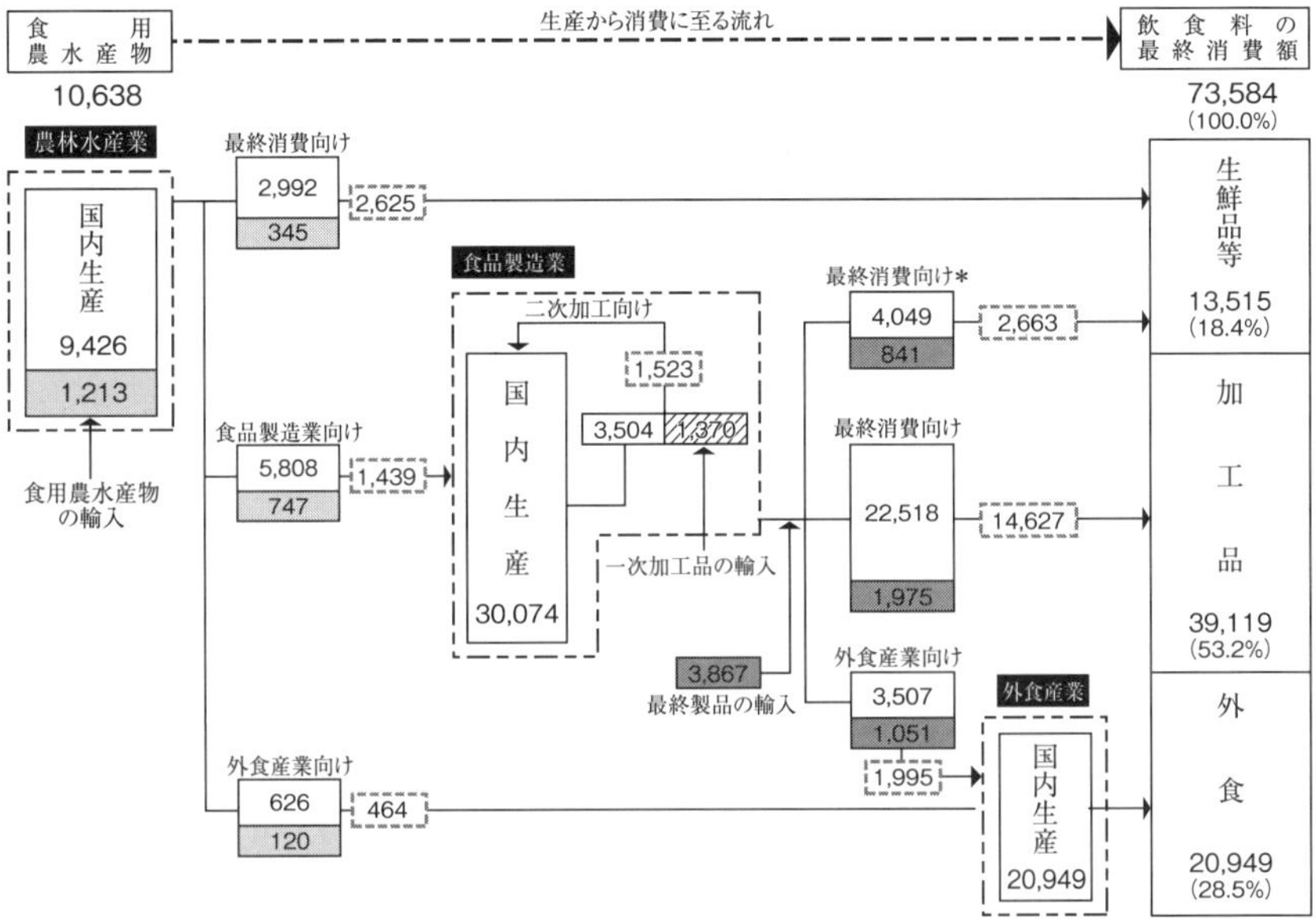

資料：総務省他９府省庁「平成 17 年産業連関表」を基に農林水産省で試算。
資注：１）食用農水産物には、特用林産物（きのこ類）を含む。
資注：２）旅館・ホテル、病院等での食事は「外食」に計上するのではなく、使用された食材費を最終消費額として、それぞれ「生鮮品等」及び「加工品」に計上している。
資注：３）＊は精穀（精米・精麦等）、と畜（各種肉類）及び冷凍魚介類。これらは加工度が低いため、最終消費においては「生鮮品等」として取り扱っている。
資注：４）［点線枠］内は、各々の流通段階で発生する流通経費（商業経費及び運賃）である。
資注：５）［網掛け］は食用農水産物の輸入、［斜線］は一次加工品の輸入、［濃い網掛け］は最終製品の輸入を表している。
出典：農林水産省『平成 20 年度食料・農業・農村白書』

技術等の伝承が途絶えてしまうおそれがある。また、集落の人口減少等が進む中、農地・農業用水など長い歴史の中で培われてきた貴重な資源の喪失や、生活に必要な社会基盤の崩壊も懸念されている。加えて、農業・農村が直面する課題は、野生鳥獣による被害の拡大、農業生産基盤の老朽化など、多様化、深刻化が進んでいる。このような状態を放置すれば、基本法の基本理念である食料の安定供給の確保と多面的機能の発揮に支障が生じる事態が懸念される。」

農業・農村の現場を歩いて

みれば、このような現状認識どおりの実態にぶつかる。

１９８０年台半ばにわが国農業の生産額は11～12兆円に達した。それが最高レベルであった。その後は減少の一途で２０１３年には８兆５千億円にまで落ち込んでいる。わが国農業は確実に後退しているのである。

図８は、農水省が２００５年まで発表していた「食用農水産物の生産から飲食費の最終消費に至る流れ（飲食費のフロー）」をしめしている。

２００５年での農林水産業の国内生産額は９兆４２６０億円、食用農水産物の輸入が１兆２１３０億円である。輸入はこれに一次加工品の１兆３７００億円、最終製品の３８６７億円が加わる。輸入額は合計で２兆９６９７億円であって、国内生産額９兆４２６０億円との合計は12兆３９５７億円であるから、価額レベルでの自給率は76・０％になる。

供給カロリーでの自給率39％と比較すれば76％という数値はなるほど高い。その差は、国内産農産物と輸入品との間の価格水準の差が大きいこと、そして未加工および一次加工の農水産物の低廉輸入が国内農業を圧迫していることを、ここからは読み取るべきである。そして、飲食費のフローの最終局面、最終消費額は73兆５８４０億円にたっする。ところが農林水産業の国内生産額は９兆４２６０億円と、それのわずか12・８％にすぎず、国内食品製造業の国内生産額30兆７４４０億円、外食産業の国内生産額20兆９４９０億円に対しては、それぞれ３分の１、２分の１にすぎなくなっているという現実である。しかも、飲食費の最終消費額のうち生鮮品等は13兆５１５０億円で１８・４％であるのに対して、加工品が39兆１１９０億円で53・２％、外食が20兆９４９０億円で28・５％を占める。生鮮品が飲食費の20％を切っているという現実からすると、国民はその食生活から国内農林水産業がどのような状況になっているかを想像することはむずかしかろう。農林水産業を守ることの重要性を理解することも容易ではなかろう。産業連関表によるこの統計の作成が大変な労力を要することはわからないわけではない。しかし2000年、2005年と5年ごとに発表してきたこのデータを、その後は作成公表しないのは食料の最終消費に占める国内生産のシェア低下を農林水産省は隠したいのであろうと勘繰りたいところである。

そして今、アベノミクス成長戦略が生み出した円安が、アメリカ産トウモロコシや乾草などわが国畜産の飼料原料価格を高騰させている。これに加えて、日豪FTA協定で牛肉関税は、冷凍牛肉では現行の38・5%が1年目には30・5%に、18年後には19・5%に引き下げられる。冷蔵牛肉では現行の同じく38・5%が1年目には32・5%、15年後には23・5%に引き下げられる。アメリカがTPP交渉で要求している関税引き下げ水準はオーストラリアの比ではないから、TPP交渉が妥結すれば牛肉・豚肉・乳製品関税が限りなく引き下げられるだろう。酪農経営や養豚経営には将来が見通せないという動揺が広がり、「息子にはとうてい継がせるわけにはいかない。餌代高騰による赤字経営で借金を膨らますわけにはいかないので、廃業するなら今のうちだ」などの声が聞かれるように、畜産経営の廃業が顕著である。全国酪農協会によれば、2004年に2万8800戸を数えた酪農経営は、2014年には1万8600戸にこの10年間で1万200戸、35・4%も減少した。牛乳生産量はこの間に、828万トンから733万トンに95万トン、11・5%減少した。

加えて、米価の下落である。図9にみられるように、第2次安倍政権が発足した2012年末以来、米価（全農や農協経済連など米出荷業者と卸売業者間の相対取引契約価格）は下落傾向を強め、2013年

図9　下落続く米価

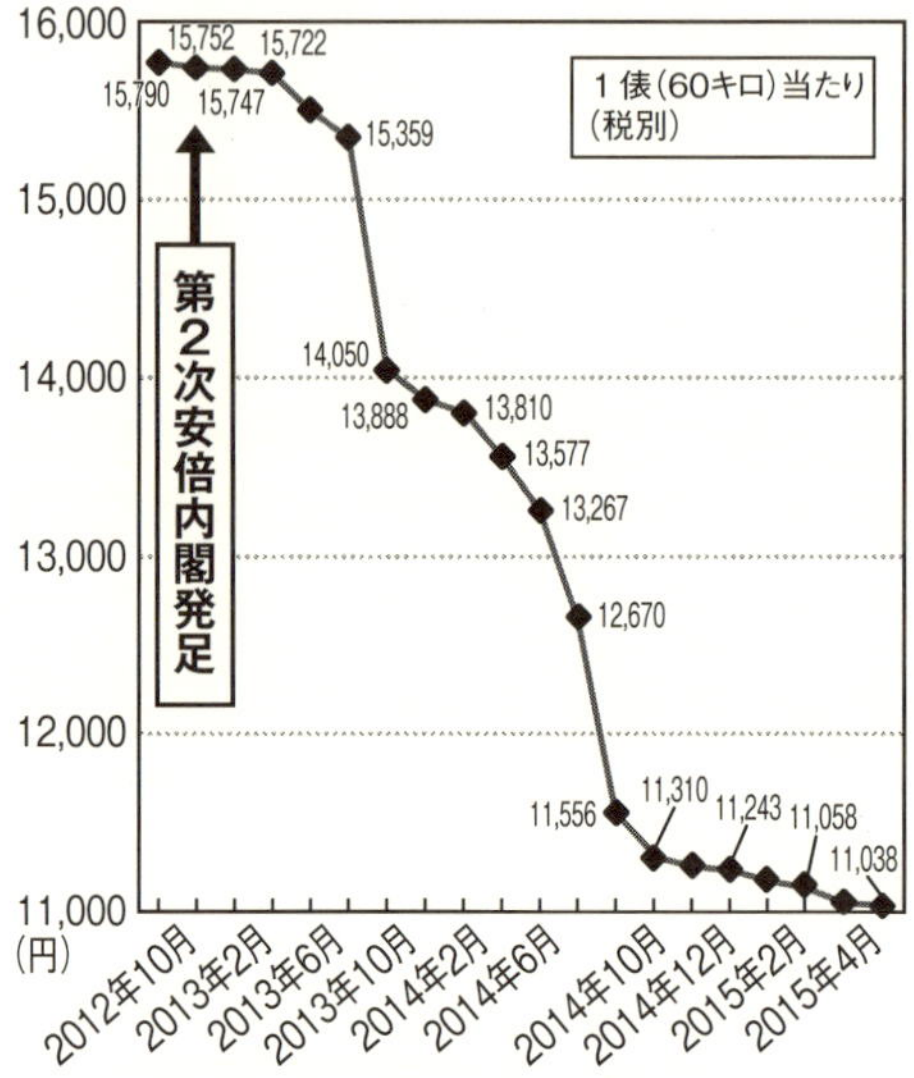

農水省「米の相対取引価格調査」から
（農家の米価は、この相手価格からさらに流通経費1500円以上が差し引かれている）

図10　2014年産概算金状況

農民連ふるさとネットワーク調べ

千葉	ふさおとめ他	7500	▲3500
	ふさこがね	7300	▲3500
	コシヒカリ	9000	▲3000
茨城	あきたこまち	7800	▲2200
新潟	一般コシヒカリ	12000	▲1700
	岩船コシヒカリ	12000	▲1700
	魚沼コシヒカリ	14200	▲2500
	こしいぶき	9000	▲2700
富山	コシヒカリ	10500	▲1800
	てんたかく	9000	▲2200
福井	コシヒカリ	10000	▲2000
	ハナエチゼン他	8700	▲1800
石川	コシヒカリ	10000	▲2000
	夢みずほ他	8700	▲2300
滋賀	コシヒカリ	9000	▲3300
三重	コシヒカリ	9000	▲2700
	キヌヒカリ	8500	▲2200
愛知	コシヒカリ	9100	▲3300

注）60キロの玄米1等価格。▲は2013年産から下がった価格。全国の平均生産コストは60キロ1万6000円

産米は１俵（玄米60キログラム）１万４千円を割り込み、14年産に至っては１万２千円を割り込む事態になった。農協（県経済連）が県下の生産者に示した２０１４年産米の概算金（図10）は大ショックであった。何と１万円を超えるのは新潟県の岩船・魚沼コシヒカリや北陸各県のコシヒカリなどわずか13銘柄にとどまり、米どころ東北の宮城ひとめぼれが前年２０１３年産米より25％・２８００円安の８４００円となったように、全国ほとんどの銘柄が７〜９千円になった。２０１３年産米で１万円を切ったのはわずか一銘柄であったのに対して、これはまさに暴落である（「農業協同組合新聞」２０１４年９月22日）。

ＮＨＫテレビは、２０１５年５月８日朝７時台のニュースで「米価下落に揺れる大規模農家」と題して、青森県五所川原市の経営規模１００ヘクタールで雇用が３人あるという大型農場が「主食用米価格が８５００円では経営が成り立たない。１万１０００円の飼料用米の作付けを増やすしかない」と嘆く声や、岐阜県中津川市の農事組合法人の責任者が「米価下落で前年より５００万円減収だ。条件の悪い農地４軒分３ヘクタールを地主に返す」と語る姿を伝えた。番組に登場した農水省の担当課長は、「安いときもあれば、高くなるときもある。飼料米や加工用米などで多角化したらどうか」と平然たる態度であった。私は、「米価下落は農水省の無策が原因ではないか」と怒ることもなく、米の安定供給の責任を国に追求するでもないあきらめきった生産者の顔に、日本農業の真の危機をみた。

＊占領政策と対米従属

私はこれまでも機会があるごとに、日本農業の危機の原因をどうみるかについて次のように主張してきた。本書は、農業関係者以外の、私のこれまでの著作では手が届かなかった方々にも読んでもらえることを期待して以下を強調しておきたい。

まず、なにゆえにわが国の水田農業が米単作化傾向を強め、畜産が耕種農業と切り離されて輸入飼料に依存する加工型畜産に傾斜したのかである。それこそ「戦後レジーム」がもたらしたものだというのが私の主張である。

敗戦後のわが国の連合国軍による「軍事占領」の実質はアメリカ一国の単独占領であって、対日占領政策はアメリカの対日方針によるものであった。そして、貿易自主権を失った占領下のわが国の最初に直面した最大の問題が深刻な「食糧難」、すなわち食料危機であったことが、アメリカ占領軍の利用するところとなった。「食糧難」対策として緊急に輸入される食料は関税を免除された。この免税措置は、米麦から雑穀、穀粉、豆類に始まって、コーンミール（当時多量に配給されたトウモロコシ粉）や砂糖、茶、コーヒー、ジャム、ビスケットなど数十品目が対象となった。そして、占領軍はこの異例な食料免税を利用して、食料関税の設定に強い圧力をかけたのである。占領下1951年の関税率全面改正に際して、税率は農産物だけでなく自動車など工業製品も含めて「最低限度の低率」に抑え込まれ、わが国はアメリカ大資本にとってきわめて有利な販売市場として開放されることになった。過剰生産に苦しむアメリカ産穀物の処理場にされたのである。占領下のわが国の食料危機と国際価格より安かった国内価格も背景にあって、占領軍の「食料は無税を基本とすべし」とする圧力のもとに、関税率は米15％、小麦20％、大麦10％、大豆10％などに押さえられた。

サンフランシスコ講和条約（1952年4月発効）で軍事占領を脱するはずのわが国は、講和条約と同日に吉田茂内閣が結んだ日米安保条約（旧安保条約）でアメリカ軍の「駐留」を認め、今日にいたる対米従属の道を歩むことになる。そして、この対米従属はさっそく1953年「改正MSA法」（相互安全保障法）でのアメリカ余剰農産物のわが国への押しつけに現れた。それはドル不足の被援助国がアメリカ産農産物を購入する場合、必要なドルをアメリカが融資するが、被援助国はドルではなく自国通貨で代金を払えるというものであった。1954年3月に調印された「日米相互防衛援助」4協定では、自衛隊の創設と防衛庁の設置に道を開くとともに、余剰農産物とくに小麦の輸入が野党の激しい反対を押し切って強行されることになる。こうして「食糧援助に当たって米国が描いた戦略は、援助を呼び水として通常の貿易に移行し、それを拡大することだった。そして日本は米国の期待通り、世界でも屈指の食料輸入大国に

なった」（岸康彦『食と農の戦後史』日本経済新聞社、1996年刊、100ページ）

1960年に改訂された日米安全保障条約では、新たに「経済協力」条項として第2条「締約国は、その自由な諸制度を強化することにより、これらの制度の基礎をなす原則の理解を促進することにより、並びに安定及び福祉の条件を助長することによって、平和的かつ友好的な国際関係の一層の発展に貢献する。締約国は、その国際経済政策におけるくい違いを除くことに努め、また、両国の間の経済的協力を促進する」が加えられた。前半の「自由な諸制度を強化する」でアメリカを盟主とする資本主義陣営に日本を繋ぎ止めるのも問題だが、後半の「両国間の経済的協力の促進」とは、日本をアメリカの経済的国益に協力させるということであった。

翌1961年に成立した農業基本法による農業「近代化」政策は、冷戦体制下の対米従属・日米安保体制のもとで、とくに麦・大豆・飼料穀物など水田作物の多様化を担うべきわが国農業の戦略的作物の市場開放と大量輸入を前提にせざるをえなかった。したがって、基幹農業部門である水田農業の生産力を全体として引き上げるのではなく、主穀である米の生産力拡大に偏った基盤整備事業（構造改善事業）と、もっぱら生産者米価の引上げで農家所得の勤労者所得との均衡を実現しようとするものになった。それが食糧管理法にもとづく食管制度の二重米価制と1960年度以降の「生産費所得補償」水準での農家所得支持であった。これは農家の米生産意欲を大いに刺激し、米の増産が進んだのである。その結果が1970年代になって発現する主食用米供給過剰であった。

ところが食管制度には補助金つき輸出で過剰米を処理する方式は織り込まれておらず、過剰対策はもっぱら生産者への主食用米の供給量削減（減反）強制をもってすることとなった。さらに、政府は主食用以外の飼料化などの米需要拡大や、米との収益性格差を縮小させて麦・大豆など主要転作作物の本作化を誘導するなどの水田農業の総合化に道をつけることをしなかった。今日では飼料米やＷＣＳ（ホールクロップサイレージ）稲を「水田フル活用のための戦略作物」に指定している農水省であるが、当時、農民運動が転作作物に提案したエサ米（エサ米好適品種としてイタリア米品種で大粒のアルボリオ種が議論になった）を、農水省が頑なにはねつけたことは記憶されてしかるべきである。低廉な麦・大豆・飼料穀物の対米輸入依存は、財界主導の外需依存型経済成長戦略と低賃金政策の前提とされ、それと抵触する転作を政府は容認できなかったのであろう。こうしたことが、東アジアモンスーン気候地帯における最も環境適合的な水田農業における土地資源のすべてを活かしての農業展開、すなわち田畑輪換（水稲を作付ける水田利用と、麦・大豆など畑作物を作付ける畑利用を交替させる土地利用方式）と輪作体系への農法転換をともなった本格的な水田複合経営の形成を阻んだのである。

他方、農業基本法農政の選択的拡大の対象となった作目、とくに都府県の畜産は戦後開拓地を除いて、草地などの農地に恵まれないために自給飼料率が低く、アメリカ産トウモロコシに代表される安価な輸入飼料穀物に依存した加工型畜産になった。また、農基法農政の補助金に後押しされた農地開発や土地基盤整備事業によって樹園地の開発が進み、野菜果樹園芸の大産地を生み出した。わが愛媛県もそうなのだが、西南暖地では海岸急傾斜地が軒並み温州ミカンに代表される柑きつ大産地になった。農基法農政のもとで、大型専業経営がその地域の「生産の大宗を担う農業構造」がほぼ成立した部門は、いずれも農地開発による農地資源が絶対的に拡大し、入植や増反による効率的経営を可能にする経営規模の実現につながったのである。水田農業においても、大規模稲作経営が水田農業の大宗となるのは八郎潟干拓のように大規模な水田開発があってはじめて可能であった。

＊日本農業再生のめざすべき方向

それでは日本農業はどのような再生の方向をめざすべきか。

わが国農業の基幹部門たる水田農業は今、生産費以下への米価下落に苦しめられ、とりわけ生産条件の厳しい中山間地域では耕作放棄が深刻化している。このような稲作の危機的状況のなかにあって、水田農業に何が今、期待されているのか。

地球温暖化と世界的な食糧需給逼迫のもとで、穀物生産の安定的発展と備蓄によって国民の食料保障を確実なものにし、安易に海外市場からの緊急輸入に依存するような事態を招かないことが、国際協調国家として日本に期待されている。これが水田農業に課せられた第1の課題である。同時に、農業危機がとりわけ深刻で、「限界集落」が増える中山間地域においては、集落の再生を担うべき定住人口の就業の場、所得源になるという役割が期待されている。

本格的に穀物生産を拡大・安定させるためには、日米安保体制が強制してきたアメリカ産穀物の大量輸入、すなわち過剰生産と補助金つきダンピング輸出に規定され、価格破壊の低価格による大量輸入に依存した食料供給と、それが歪めてきた農業生産構造を抜本的に転換する以外にない。今世紀に入っての穀物国際価格の乱高下のもとで、穀物の海外からの調達が量的にも価格的にも不安定化し、とくに畜産の収支構造の悪化の要因となっている。これをみても、歪んだ農業生産構造、すなわち水田の主食用米単作と畜産の輸入飼料依存加工型展開を本格的に転換させることなくしては、国内農業の安定的発展は望めなくなっている。

このような転換に何より求められているのは、水田農業の米単作からの脱却、すなわち複合的・総合的発展を通じて農業生産力を引き上げることである。農法転換を含む基本的な方向は以下のようになる。

第1に、水田の基盤整備を進め、田畑輪換を最大限推進する。まずは主食用米の完全自給に必要な作付面積を確保したうえで、麦・大豆・飼料穀物、そして油糧作物、野菜類などの生産拡大を本格化させるべきである。飼料穀物としては、飼料米やWCS（ホールクロップサイレージ）稲など水稲とともに、トウモロコシ（実取り・サイレージ用）が重要である。さらに雑穀やソバ、油糧作物としてナタネ、ヒマワリ、エゴマなどが地域特産になりえよう。

第2に、全国にはツルやハクチョウなど渡り鳥の飛来地やトキ・コウノトリなどの生息地として保全が求められる地域がある。そのような地域では水田の乾田化を抑え、冬期の水張り水田や湿地を保全して、生態系維持をめざす環境保全型農業の推進が重要である。また、稲作を早期作から普通期作に戻してレンゲソウを裏作に組み込み、養蜂との連携を図る地域があってよい。とくに西日本では、地球温暖化によるとみられる夏季の高温障害に対しては、4月・5月田植えの早期米にシフトしてきた稲作を6月田植えの普通期作に戻すことで、麦作等を加えた水田をフル活用した環境保全型農法展開への道が開ける。

第3に、中山間地域では、水田における牧草栽培と放牧利用、さらに里山牧野利用の一体化を含めて水田と里山の一体的利用の再生をめざすべきである。近年深刻化している鳥獣害被害に対する対策と結合しての取組みが期待される。

第4に、地域内での耕畜連携を推進することで、加工型畜産を畑・水田一体的利用の土地利用型畜産に本格的に転換させることが求められており、酪農・肉牛・養豚などの畜産経営の飼料穀物・牧草栽培のための水田利用を推進すべきである。

ここに要約した水田農業の展開方向については、多くの優れた研究がある。代表的な研究である磯辺俊彦『日本農業の土地問題―土地経済学の構成』（東京大学出版会、1985年）や磯辺俊彦編『危機における家族農業経営』（日本経済評論社、1993年）を紹介しよう。

磯辺氏は、戦後の日本農業が「ムギ輸入・米自給という形」で戦前来の米麦二毛作の基本構造を確実に破壊したのであって、それは「分断の生産力構造」だと指摘し、この「分断の生産力構造」を打破して日本型農法の再構築を実現することこそ日本農業にとっての現代的課題であるとした。「水田と畑の統合としての有畜複合輪作の田畑輪換農法を基本の理念型としながら、中山間地をも含めた日本農法の新たな多様な構築が当面の課題なのである。そのことを抜きにして、いかほど単作型の稲作農業の規模拡大を図っても労働力の年間就業は困難であり、他方で輸入飼料に依存するゆえに糞尿処理に困難する加工型畜産農業を含めて、いずれの場合にも、本来の土地利用型農業としての経営的自立は不可能であろう」（『危機における家族農業経営』21ページ）。

それでは、農法転換を含むこのような水田農業の複合的・総合的発展を誰が担うのか。私がもっとも現実的だと考えるのは、（1）平坦地における水田農業の複合化・総合化では、10~20ヘクタールを超える大型の水稲と麦・大豆作を複合した経営や農業生産法人が地域の基幹的経営として成立し、同時に10ヘクタール以下でも野菜作・施設園芸等を複合する集約複合経営が農地保全に貢献する農業構造である。（2）

中山間地では水田と里山一体的利用を、2~3ヘクタールに満たない小規模の準主業農家や兼業型農家が主体となり、それを機械利用組合や集落営農等の協業組織が支えるなかで実現していくことであろう。里山利用では、栗などの落葉果樹、原木乾シイタケなどの特用林産物や、小規模和牛繁殖などの複合農業経営の再生が期待される。

第2章　農業危機をさらに深刻化させるアベノミクス「農業改革」

＊農業危機の真の原因を隠ぺい

安倍政権の新たな「食料・農業・農村基本計画」は、日本農業の危機の原因がどこにあるかの分析をまったく欠落させている。原因を分析せずに、「食料・農業・農村の全ての関係者が、従来の生産や販売の方法、それぞれの役割を単に踏襲するのではなく、発想を転換し、多様な人材を取り込みつつ、新たな仕組みの構築や手法の導入等にスピード感を持って取り組んでいかなければならない。また、政府のみならず国民全体が改革の必要性や施策の方向について認識を共有し、自ら変革し、創意工夫を発揮してチャレンジしていく姿勢が不可欠である。同時に、広く国民が農業・農村の価値を認め、それぞれの役割に応じて適切に行動し、国民共有の財産として次世代に引き継いでいくことが重要である」というように、日本農業・

農村の疲弊の責任は国民全体にあると居直り、「一億総懺悔」を要求するしまつである。

さらに安倍政権は農業・農村疲弊の主犯を誰かに押し付けないことには農業改革の国民的支持は得られないと考えたのであろう、後にみるように、ＴＰＰに抵抗する勢力の先頭に押し出された農協陣営を「農業改革を妨げる岩盤規制」として血祭りに上げることになる。

そのうえで、「こういう認識の下、『農林水産業・地域の活力創造プラン』（平成25年12月農林水産業、地域の活力創造本部決定、平成26年6月改訂）等で示された施策の方向やこれまでの施策の評価も踏まえつつ、農業の構造改革や新たな需要の取り込み等を通じて農業や食品産業の成長産業化を促進するための産業政策と、構造改革を後押ししつつ農業・農村の有する多面的機能の維持・発揮を促進するための地域政策を車の両輪として進めるとの観点に立ち、食料・農業・農村施策の改革を進め、若者たちが希望を持てる『強い農業』と『美しく活力ある農村』の創出を目指していく」とする。戦後自民党農政に農業・農村疲弊の責任が免れがたいことに口をつぐみ、「農業構造改革」「産業政策と地域政策の車の両輪化」などをこっそり持ち出すなど、安倍政権はまことにうさんくさい。

安倍内閣は、経済財政政策をデフレからの早期脱却と日本経済の再生をめざす「アベノミクスの3本の矢」だとして、第1の矢「大胆な金融政策」、第2の矢「機動的な財政政策」とともに、第3の矢「民間投資を喚起する成長戦略」を掲げた。ところが、日銀のカネのばらまきを「異次元緩和」と自賛したものの実体経済の好転にはつながらず、株価だけがバブル症状を示している。アベノミクスに狂いが生じているることは疑いない。というのも、「民間需要を持続的に生み出し、経済を力強い成長軌道に乗せていく」はずの第3の矢が、なんともお粗末で的外れだからである。

民間投資を喚起するための「新たな市場」として「創出」対象とされる、①農業、②医療、③エネルギーの3つの分野の「改革の断行」に、安倍首相は「この道しかない」と熱中しているかにみえる。しかし、私はまず言いたい。「順序が逆だろう。トップにはエネルギーがくるべきだ」と。

アメリカ・オバマ政権は、リーマン・ショック後の経済再建・雇用拡大について、ひとつには輸出拡大を実現する環太平洋経済連携協定（TPP）の推進に、いまひとつはエネルギー分野のイノベーション（シェールオイルに代表される新エネルギー＋グリーン（再生可能）エネルギー発電の拡大）に、経済成長のための投資拡大の機会を求めている。「輸出拡大で国内経済の再建と雇用を拡大する」というところに、輸出相手国に犠牲を要求する「近隣窮乏化政策」（イギリスのケインズ経済学左派の女流経済学者ジョーン・ロビンソンの造語）を追求せざるをえないアメリカの窮状が示されているが、それでもオバマ政権には新たな投資分野としてエネルギー分野イノベーションが準備されている。

ただし、この「輸出拡大で国内経済の再建と雇用を拡大する」という戦略は、ロビンソンが「近隣窮乏化政策」だと規定した時代とは異なって、大企業独占資本が海外直接投資を拡大して多国籍企業化するなかで、輸出拡大が国内雇用の拡大にはつながらないことが、1995年のWTO体制の成立以降、アメリカ国民の眼にも明らかになった。アメリカはWTO体制下でのEUとの競争に優位に立とうと北米自由貿易協定（NAFTA）をカナダ、メキシコと結んだ。このNAFTAのもとでアメリカの巨大穀物商社が安いトウモロコシを大量にメキシコに輸出したことがメキシコ農民を苦境に追い込み、彼らのアメリカへの流入が、アメリカ国内の失業の増大と低賃金をアメリカ経済に与えたことの教訓が大きい。アメリカでTPP交渉に反対しているのは、「1％の強者が99％の富を握る社会」と闘う市民運動、失業を恐れる労働組合、与党民主党を支えるリベラル勢力である。オバマ大統領が「アジア太平洋地域への輸出拡大でアメリカの雇用を創出する」とＴＰＰの必要性を訴えても、「大統領貿易促進権限法」（ＴＰＡ）法案が簡単には成立しなかったのはこういった背景があるからである。

ドイツは、福島原発事故を契機に、経済界も含めていち早く脱原発産業イノベーションに乗り出している。ドイツの代表的原発メーカーであったシーメンス社はすでに原子力産業からの撤退を決めた。ドイツ最大の電力会社エー・オン社は原発部門を別会社に切り離し、本体は再生可能エネルギー部門中心でいくことを決定した。そのような機敏な脱原発への「エネルギー大転換」は、福島原発事故よりも10年以上前から大手電力会社の反対を押し切って電力自由化を推進した政治の力があってのものである。

安倍政権が脱原発と再生可能エネルギーへの大転換に踏み出すには、原発再稼動に固執する電力会社の地域独占に代表される独占企業の既得権益というそれこそ岩盤規制を打破することが必要だが、安倍政権にはその「勇気」などこれっぽっちもなさそうだ。原発再稼働には前のめりだが、本格的な再生可能エネルギーへの転換にはしり込みするばかり。発送電分離も２０２０年まで繰り延べるという逃げの「エネルギー市場の改革」でお茶を濁している。これでは、とうていエネルギー分野に本格的な民間投資を呼び込むことはできない。脱原発を決断し、粛々と廃炉を選択することで廃炉技術の確立をはじめ新たな脱原発環境産業を興し、本格的な再生可能エネルギー事業を展開することこそ、経済成長のための新たな投資機会を生み出すのではないか。

デフレからの早期脱却と日本経済の再生をめざす「アベノミクス」成長戦略のトップに「農業改革」を掲げざるをえない安倍政権も情けない。民主党政権の前原外相が、ＴＰＰ交渉への参加をめざして、「Ｇ

DPのわずか2％にも満たない農業にふりまわされるわけにはいかない」と言って顰蹙をかった農業である。安倍政権はオバマ政権に屈服して、主要農産物の大幅関税引き下げや輸入枠の拡大が国内農業に深刻な打撃を与えることを覚悟のうえでTPP妥結を呑むであろう。そのような農業を「新たな市場」の主要分野に祭り上げざるを得ないとは気の毒という他ない。

アベノミクスのめざす「農業改革」は、40％以下に低迷する食料自給率をはじめ、長引く農産物価格デフレが生産農家の農業所得を低下させ、経営継続と農業後継者確保を困難にし、農業の担い手の高齢化と農村の疲弊を招いているという「農業危機」に真正面から立ち向かおうというものではない。TPPでさらなるショックを受ける農業だからこそ、そこに「新たな市場」を開くチャンスがあるという、まさにショック・ドクトリンの論理で中小兼業農家を追い出し、農外企業の農業分野への投資を誘導することが目的である。しかも、世界が直面する地球温暖化・気象災害と飢餓・食料問題に国際社会と共同して闘うという国際協調の視点はまったく欠落している。

＊「攻めの農林水産業」「農業・農村所得倍増目標10カ年戦略」

2013年1月、安倍政権は林芳正農水相を本部長とする「攻めの農林水産業推進本部」を設置し、「攻めの農林水産業」の具体化に向けた3つの戦略と9課題を以下のように掲げ、「アベノミクス」の成長戦略に盛り込んだ。

（1）需要のフロンティアの拡大　重点課題②

1　国別・品目別輸出戦略の構築

2　食文化・食産業のグローバル展開

（2）生産から消費までのバリューチェーンの構築　重点課題③

3　多様な異業種との戦略的連携

4　新品種・新技術の開発・普及、知的財産の活用等

（3）生産現場（担い手、農地等）の強化　重点課題①

5　人・農地プランの戦略的展開

6　担い手への農地集積／耕作放棄地の発生防止・解消の抜本的な強化

7　大区画化などの農業基盤整備の推進

8　森林・林業：新たな木材需要の創出と国産材の安定供給体制の構築

9　水産業：水産物の消費・輸出拡大、持続可能な養殖の推進

言葉は勇ましい「攻めの農林水産業」だが、その大筋は、民主党・菅直人首相が2010年10月1日に開会した臨時国会の所信表明演説で突然、環太平洋戦略的経済連携協定（TPP）への参加を検討すると表明し、TPPに参加するには「農業改革」が必要だとして立ち上げた「食と農林漁業の再生推進本部」と、農業構造改革論者を含む「民間有識者」を加えて発足させた「食と農林漁業の再生実現会議」での議論（2

011年10月20日、最終とりまとめ）が下敷きになっている。

食と農林漁業の再生実現会議がとりまとめた農業再生案には、①競争力・体質強化～攻めの担い手実現、農地集積、②競争力・体質強化～6次産業化・成長産業化・流通効率化、③エネルギー生産への農山漁村の資源の活用促進、④木材自給率50％を目指し、森林・林業再生プランを推進、⑤近代的・資源管理型で魅力的な水産業を構築、⑥震災に強い農林水産インフラを構築、⑦原子力災害対策に正面から取り組む、などが掲げられていた。

民主党政権の農業政策には、農村現場から歓迎された戸別所得補償制度や自給率向上をめざした基本計画など評価できる政策と、食と農林漁業の再生実現会議最終とりまとめのようにTPP受け入れに対応する農業構造改革を前面に押し出した農政理念が混在していた。つまり、安倍政権が3つの戦略と9課題を提示したことは、政権交代前から続く農水省の農業構造改革路線を受け入れた民主党政権の農業再生案が、政権を取り戻した自民党にとって軌道修正の必要がないものであったことを示している。

こうした農業改革が押し出されるなかで、参議院選挙で掲げられた「農業・農村所得倍増目標10カ年戦略」は、具体像が示されることもなく影が薄くなっていく。安倍政権に実現を期待するなどあほらしいことだと、農村現場では覚めた見方が支配的である。

＊改革の目玉は6次産業10兆円・輸出1兆円・農地中間管理機構

農政改革の目玉は、①2020年に6次産業の市場規模を現状の1兆円から10兆円に、②同じく202

0年に農林水産物・食品の輸出額を現状の5千億円から1兆円に倍増させるとともに、③農地集積を進め10年間で担い手経営が利用する農地面積が8割となる効率的営農体制を創ることにある。

需要のフロンティアとは海外市場のことである。「攻めの農林水産業」の目玉のひとつが、農林水産物・食品の輸出を2020年までに2倍にするということだから、「国別・品目別輸出戦略の構築」に加えて、日本の食文化・食産業のグローバル展開に期待するということになる。しかし、何のことはない。輸出のポイントは水産物1700億円を3500億円に、加工食品1300億円を5千億円に、合計8500億円、つまり輸出の85%が水産加工会社の水産物と食品メーカーの加工食品である。農産物そのものについては、コメ・コメ加工品130億円を600億円、青果物80億円を250億円、牛肉50億円を250億円にと、なんとも控えめな目標である。6次産業の市場規模を現状の10倍にするという裏付けもない。

最大の目玉は「農地中間管理機構」である。都道府県に設立させた農地中間管理機構が放置された農地を借り受け、用水路、排水路を整備し、規模拡大をめざす農業生産法人などにまとめて転貸する新制度であり、それに要する国家予算は、年10数億円から百倍以上の1千億円台に拡大するというものであった。

自民党政権ならばこそ、農山村での鳥獣被害の広がりのもとで進行してきた農地荒廃に本格的な手を打ってくれると期待を持たせたのが農地中間管理機構構想だった。ところが、札付きの新自由主義論者がさっそくこれに飛びついた。国際基督教大学の八代尚宏客員教授は、「農業所得の倍増は大胆な改革なくしてできない。農地の集約は当然だが、一番大事なことはコメの減反をやめることだ。大規模農家にコメをつくりたいだけつくらせ、輸出産業として育成すれば、雇用や所得が生まれる。企業の農地所有の自由化は不可欠で、耕作放棄地には課徴金を科す必要がある。そうしないと都道府県による農地集約は絵に描いた餅に終わる。……安倍政権は規制改革に本気をだせ！」とけしかけた（「日本経済新聞」２０１３年６月24日）。かくして農地の中間的受け皿なるものは、耕作放棄地の発生防止という課題を放棄し、優良農地の農外企業のための「囲い込み法」とでもいうべき代物に化けることになる。２０１３年12月５日に参議院で可決され成立した「農地中間管理事業の推進に関する法律」は、「農地中間管理事業の的確な推進により、農業経営の規模の拡大、農用地の集団化、農業への参入の促進等による農用地の利用の効率化及び高度化の促進を図り、もって農業の生産性の向上に資すること」とされている。

近年、農地流動化は、１９７５年に創設された農用地利用増進事業による利用権（賃借権など）設定による農地流動化、１９９３年創設の認定農業者制度の創設、翌１９９４年の認定農業者に対するスーパーL資金の創設、さらに２００９年の農地法改正で全市町村に農地利用円滑化団体を設置して行う農地利用集積円滑化事業などによって加速している。毎年、所有権移転で3万ヘクタール、利用権設定（純増分）で6～9万ヘクタールと、合計ほぼ10万ヘクタール水準に達している。その結果、農地面積に占める担い手の利用面積（ストック）も、１９９５年の５０４万ヘクタールのうちの86万ヘクタール（17・1％）から、２０１２年には４６０万ヘクタールのうちの２２６万ヘクタール（49・1％）にまで高まっている。経営規模20ヘクタール以上の経営体が耕作する面積シェアも、土地利用型農業の農地面積３６８万ヘクタールのうちの１１９万ヘクタール（32・3％）になっている。相当のスピードで農地集積が進んでいるというのが、農村現場での実感である。これは、自治体、農業委員会、農協などが苦労して事業を推進し、担い手を育てようとしてきた成果でもある。しかし、TPPによる関税撤廃を前提にしたアベノミクス成長戦略では、コメの生産コストを現状の60キログラム1万６０００円から９６００円に4割引き下げ、法人経営体を4倍に増やすことを目標とするので、これでも間に合わないというのだろう。

農地中間管理機構法の施行に際しては、機構に指定された団体には県内で事業を重点的に実施する区域の基準や取得する農地の基準、農地中間管理権の取得方法などを盛り込んだ農地中間管理事業規定を定めて、知事の認可を得なければならない。そして、なんと機構が管理権を取得する農用地は、「農用地等として利用することが著しく困難であるものを対象に含まないこと、貸付けが確実に行われると見込まれる場合に実施すること」という縛りが掛けられている。そのうえで、農林水産省令で定めるところにより、定期的に農用地の借受け希望者を募集し、賃借権の設定を受ける者を明らかにした農用地利用配分計画を定め、知事の認可を受けなければならない。

繰り返せば、安倍政権の攻めの農林水産業推進本部では、第1の重点課題として生産現場の強化のために、「人・農地プランの戦略的展開」と「担い手への農地集積／耕作放棄地の発生防止・解消の抜本的強化」を掲げ、「農地集積、耕作放棄地の解消に係る数値目標を設定」して、それを実現する政策手法として「農地の中間的受け皿」を整備・活用するとしていた。そこで登場したのが、この農地中間管理機構であったはずだ。農水省が2013年9月に産業競争力会議に提出した資料「農地中間管理機構（仮称）の検討状況」でも、問題は、①この20年間で耕作放棄地は約40万ヘクタール（滋賀県全体とほぼ同じ規模）に倍増したこと、②担い手の農地利用は全農地の5割にとどまることにあるとしていた。法案策定過程で、法の目的から耕作放棄地解消は完全に放棄された。これまた、安倍内閣の参議院選公約破りに他ならない。法は、農外企業を含む新規参入者に優良農地150万ヘクタールを囲い込ませる日本型「囲い込み法」としての本質を色濃く滲ませるものになったと言わざるをえない。

さて農水省が2015年5月に発表した農地中間管理機構の稼働初年度2014年度実績は、機構が全国で集めた農地は合計7349ヘクタールで年間目標のわずか5％にとどまった。それもそうだろう。農地所有者と顔と顔のみえる関係を築いてきた農協が農地利用円滑化団体となって「農地利用集積円滑化事業」を推進してきた苦労を無視して、「屋上屋を重ねる」農地中間管理機構を創設する無理が祟ったのである。この無惨な実績に「規制改革会議」（議長・岡素之住友商事相談役）は頭にきたようだ。6月16日の答申に、農地集約の促進のために「耕作放棄地固定資産税の課税強化」を2015年度中に検討すべきだとした。「耕作放棄地には課徴金をかけるべきだ」と主張した前出の八代教授は、この答申を「農地集約に向けた課税強化は農業の競争力を高めるために有効だ」と歓迎している（「日本経済新聞」2015年6月17日）。

これは、規制改革会議が現場の実態をみていないための、まったく的外れな要求である。農地中間管理機構は、「借り手が確実に現れる農地」しか受け入れられないから実績が伸びないのである。当初の構想どおり高齢化で耕作が困難になった中山間地放棄地も対象にするならば、機構が受け入れる農地面積は一挙に増えるにちがいない。

＊突然の「農協改革」

驚いたのは2013年秋になって突然、「強い農業」づくりを阻害する「岩盤規制」が存在し、それが全国農協中央会（JA全中）を先頭にする農協陣営であるとして、まずはJA全中をつぶす、それには単協に対するＪＡ全中の監査権限を奪う（農協法第73条の廃止）と、安倍首相自らの号令がかかったことである。ＴＰＰ締結で成果をあげたい安倍首相にすれば、ＴＰＰ反対運動をリードして旗を降ろさない全中によほど腹がすえかねたのであろう。西川公也農林水産大臣は、「全中監査をやめると単協が業務・会計一体の効率的な監査を受けられなくなる。単協の経済的負担が増すなど、農業所得向上に逆行するのではないか」という懸念に、まともに答えられなかった。安倍首相は、これでは農協法改正法案の国会論戦を乗り切れないと判断したのであろう。他の閣僚の疑惑にはほほかむりしながら、企業献金疑惑を理由に西川農相を更迭した。

農協改革の中心は全国農協中央会（ＪＡ全中）を農協法から分離して一般社団法人とし、ＪＡの監査機構を独立させて地域農協に対する監査・指導権を奪うというものである。安倍政権はこの「農協改革」によって地域農協を活性化させれば農業所得を増やせると強弁している。農村の現場では、ＪＡ全中の監査・指導権が地域農協の自立化や創意工夫による経営を妨げているという認識はほとんどないなかでの攻撃である。農業改革の先頭に農協改革を位置づけるというのは、農業改革の失敗の責任を農協に押し付けようという魂胆があってのものだろう（図11）。

図11

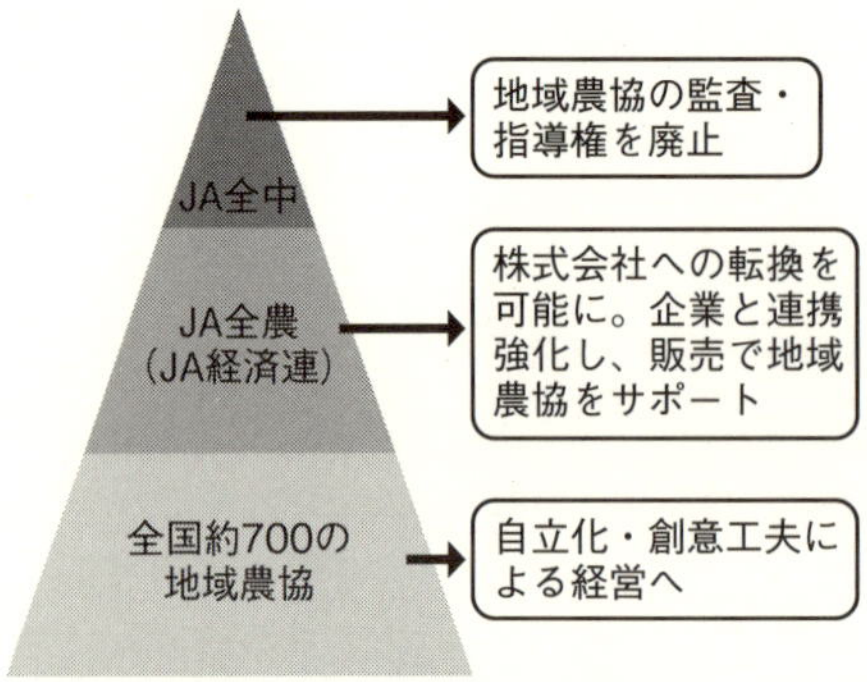

出所：官邸ホームページ

＊地方創生総合戦略と農協つぶしは矛盾

安部政権は２０１４年末に「まち・ひと・仕事創生長期ビジョン」と「まち・ひと・仕事創生総合戦略」を閣議決定した。さらに年明け早々１月９日の臨時閣議では、３・１兆円の２０１４年度補正予算案を決めた。２０１４年４月の消費税増税で低迷する景気を下支えするねらいがあり、自治体向けの交付金を新設して地方の消費や生活を支援する施策が柱とされている。

新交付金は「地域消費喚起・生活支援型」（２５００億円）と、「地方創生先行型」（１７００億円）からなる。前者は１万円で１万１千円分等の買い物ができる「プレミアム付き商品券」の発行や地方での就業、創業支援など、後者は子どもの多い家庭への子育て支援や低所得者向けの冬場の灯油代補助などが想定されているという。これには「４月の統一地方選をにらんで、前倒しで経済対策に盛り込んだものだろう」と、効果を疑問視する声も根強かった。私も、安部内閣の地方創生戦略は、長期展望を示せない単なるその場しのぎのカンフル剤にすぎないもので、緊急に農水省が行うべき農政を放棄したいがための「目晦まし」だとみる。

地方の活力を取り戻す本道は、農業再生以外にはない。第１に、農業生産と農村の活性化には、兼業高齢農家を含む多様な生産者と農村の定住者の確保を図るしかないこと。第２に、農協には自治体といっしょになってそれを支える。国は農協陣営の力を削ぐのではなく、農協運動を支援することこそ求められるのである。

ＴＰＰで国境措置を弱めれば、国内農業はひどい価格破壊圧力にさらされる。そして現在年間２３００億円あるという関税収入がどんどん減っていく。安倍政権は、国内農業を支えてきた価格政策や直接支払いをすべて廃止してもよいと考えているのだろう。また、政権の戦略に楯突く農協陣営を「岩盤規制」に祭り上げ、ＪＡ全中をつぶすために単協に対する監査権限を奪うのが早道、いずれはアメリカ金融保険業界の要求に応えて協同組合金融・共済事業をつぶすという戦略だろう。

地方創生戦略は、農協陣営が住民・自治体と連携して奮闘してこそ少しでも前進できるものである。「農協改革」で農協陣営の意欲を殺ぐことは自己矛盾というほかない。

２０１５年5月14日には、政府提出の「農業協同組合の一部を改正する等の法律案」と、それに対抗する民主党提出の「農業協同組合法の一部を改正する法律案」が衆議院本会議で審議入りした。

民主党案は、（1）「わが国の農協は、総合農協として、農業の振興のみならず、金融をはじめとしたさまざまなサービスを住民に提供し、地域社会で大きな役割を果たしている」との認識をもとに、「農業者のための農協」という役割とともに、「地域のための農協」という役割を法律上明確に位置づけ、（2）国と地方公共団体は業務運営面で農協の自主性を尊重しなければならないとする規定の新設、（3）農協の政治的中立性の確保に関する規定の新設、（4）中央会が模範定款例を定めることができる旨の規定を削除し、地域農協が自主的・自立的に正組合員の資格等を定めることができるようにする、さらに（5）地域重複農協や都道府県域を超える農協の設立を容易にし、真に農家のメリットにつながる農協を実現するための規定を設置するというものである。

日本農業と農村の再生には農協に期待するところが大きい現実からすれば、農協の協同組合としての自主性を否定する政府案に比較して、この民主党案は大いに評価できる。与党自民党・公明党から造反する議員が多数出現して民主党案が可決されるという事態が生まれるのはむずかしいだろう。しかし、少なくとも国会での本格的な時間をかけた論戦で政府案が審議未了・廃案に追い込まれることが期待される。

＊新たな「食料・農業・農村基本計画」

安倍政権は２０１５年３月31日に新たな「食料・農業・農村基本計画」を閣議決定した。政治献金疑惑で辞職した西川農相の後を継いだばかりの林芳正農相の談話では、

①新たな基本計画では、農業の構造改革、国内外の新たな需要の取り込み等を通じて農業や食品産業の成長産業化を進める産業政策と、構造改革を後押ししつつ、農業・農村の多面的機能の発揮を進める地域政策を車の両輪として施策を展開していくこと、

②新たな基本計画の下で、実現可能性を重視して食料自給率目標を設定し、その実現に向けた課題の克服に取り組むとともに、新たにわが国の「食料の潜在生産能力を評価した食料自給力指標」を示すことが強調された。

産業政策と地域政策との切り離しとは、農業政策は構造改革に徹底するのであって、民主党政権のすべての販売農家を対象にした農業者戸別所得補償制度のような、「構造改革の対象となる『担い手』の姿が不明確になった」（同基本計画7ページ）政策を排除するというのが本音だろう。

「食料自給力指標」とは何か。民主党政権の基本計画（２０１０年）が、食料自給率を現状の40％から

２０２０年に50％に回復するとした目標は、実現可能性がないので45％に引き下げるという。生産額ベース自給率では65％から73％に、飼料自給率では26％から40％に引き上げる。そのうえで「我が国の農林水産業が有する潜在生産能力をフル活用することによって得られる食料の供給熱量を示す指標としての食料自給力指標を試算するという。

基本計画の26ページには、平成25年度についての試算値が、「現在の食生活との乖離の度合い等を勘案」して、ＡからＤまでの４パターンが示されている（図12）。パターンＤは、「いも類を中心に熱量効率を最大化して作付する場合」とされるものだが、農民連の２０１５年運動方針は、「芋を中心とした現実とはかけ離れた食生活や花などの非食用の農地を食料生産にフル活用するなど、現実離れした仮定での計算です。これをもって『潜在力』がありから大丈夫などとの幻想を与え、食料自給率の向上を放棄するのは許されません」と批判している。

「食料自給力指標が現実とは切り離された潜在生産能力を示すものだから、一定の前提を置かざるを得ない」として、生産転換に要する期間は考慮しないとか、農林水産業生産に必要な労働力は確保されているとか、まさに非現実的な前提のもとに試算される「食料自給力指標」にどんな意味があるというのだろうか。

問題は、新たな基本計画が、供給熱量ベースや生産額ベースでの食料自給率よりももっと深刻な穀物自給率を引き上げる課題から国民の目を逸らすことに躍起になっているようにみえることにある。食料の潜在生産能力などの試算より、農業の基本である穀物生産をどう回復させるかが問題なのである。

図12　食料自給力指標の姿

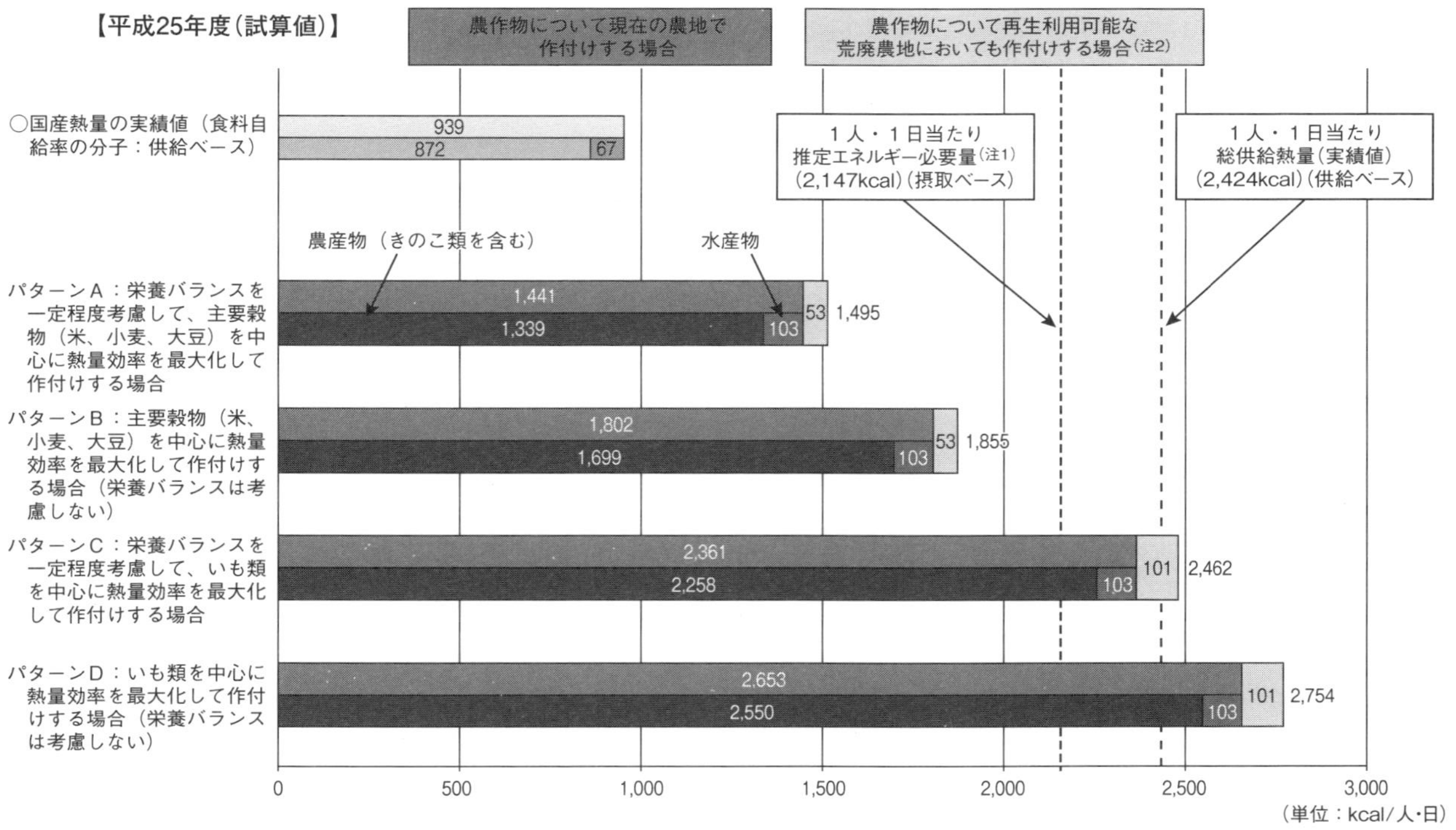

注1：1人・1日当たり推定エネルギー必要量とは、「比較的に短期間の場合には、『そのときの体重を保つ（増加も減少もしない）ために適当なエネルギー』」の推定値をいう。
注2：荒廃農地面積については、統計値の公表が毎年12月頃になるため、計算年度の前年度のデータを使用。

＊民主党政権の農業者戸別所得補償制度を切り崩す

民主党が２００７年参議院選挙マニフェストの目玉のひとつとして掲げた「戸別所得補償制度」は、麦・大豆にとどまらず米も含めた重点品目について、原則としてすべての販売農家を対象に、１兆円規模の直接支払いを導入するというものであった。政権を奪取すれば、ＷＴＯドーハ・ラウンドが妥結しさらなる自由化を迫られる対策をとる必要に迫られることが予測されたからである。そして２００９年８月の衆議院総選挙に大勝して政権を獲得した民主党は、公約どおり２０１０年産米について「米戸別所得補償モデル事業」を実施した。翌２０１１年度には、これを農業者戸別所得補償制度として継続した。

これは、政権交代前の自民党政権の「日本型直接支払い」を標榜した「新たな食料・農業・農村基本計画」（２００５年３月）が掲げる①「国境措置に過度に依存しない政策体系への移行」と、②「望ましい農業構造」、さらに③「食料自給率の向上」の実現をめざす農政の中軸とされ、「経営所得安定対策等大綱」としてまとめられた「品目横断的経営安定対策」（２００７年度実施）の基本を引き継いだものであった。

しかし、民主党の「米戸別所得補償モデル事業」の特徴は、支払いの対象をすべての販売農家とすることで、自民党の「品目横断的経営安定対策」の経営規模４ヘクタール以上の担い手経営に支払いを限定する選別・分断性との違いを明確にするところにあった。前章でみた安倍政権の新たな「食料・農業・農村基本計画」は、支払い対象に差別を持ち込まないことを、「担い手の姿が不明確になった」とあげつらったが、「米戸別所得補償モデル事業」は、民主党が自己評価しているように、支払い対象に差別は持ち込

図13　米の所得補償交付金の作付規模別支払い状況（農林水産省調べ）

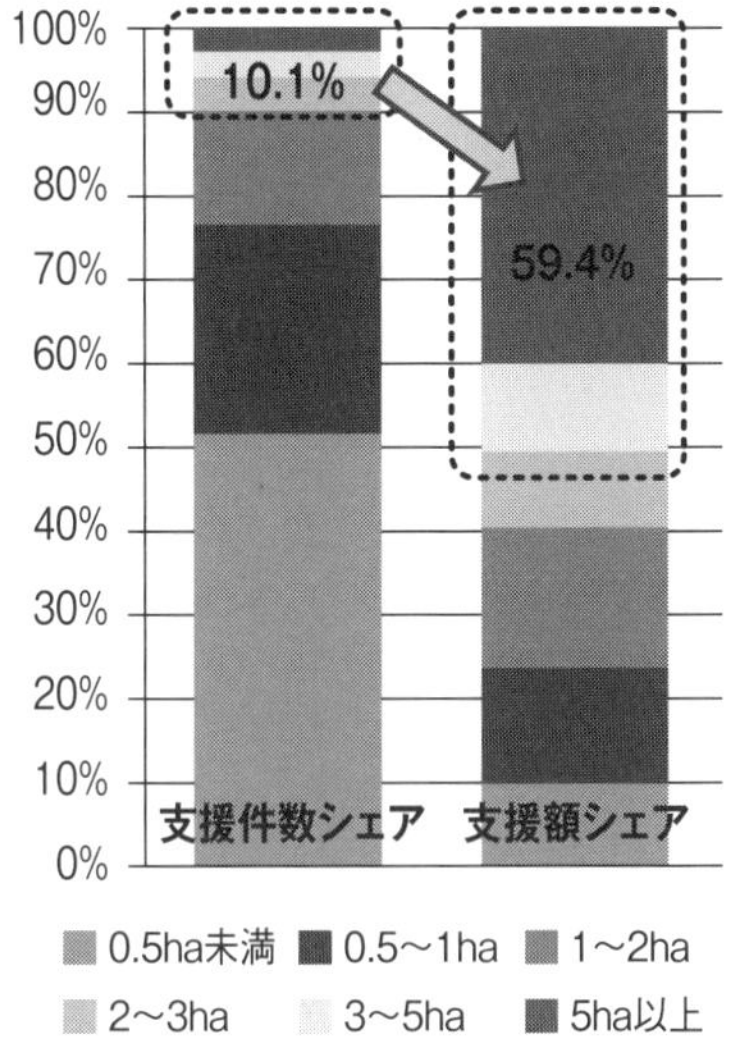

図14　主食用米の過剰作付面積の変化（農林水産省調べ）

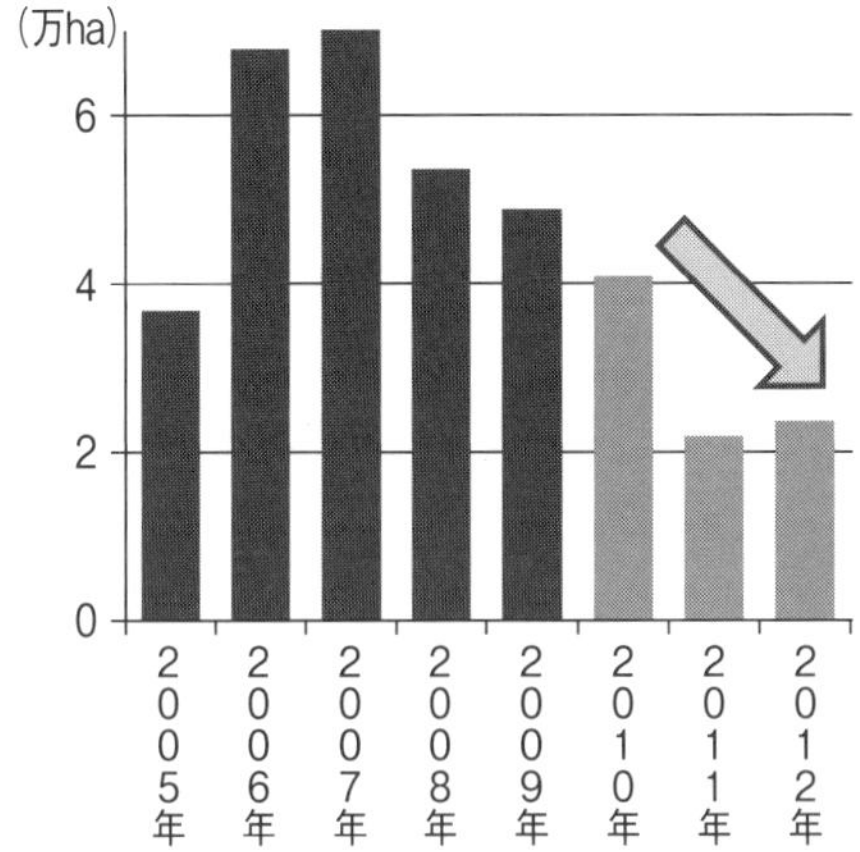

まなかったものの、現実には大規模農家へ刺激となり、図13にみられるように、総予算の約6割は経営規模2ヘクタール以上の農家に配分される結果となった。また、図14にみられるように、農家が経営の見通しをつけやすくなったことで、主食用米の過剰作付けも減少した。私は、この点では民主党農政が農村現場の期待に応えるものであったと評価している。

さて、安倍政権が2014年から実施している「経営所得安定対策」は、民主党政権の「農業者戸別所得補償制度」の骨格は引き継ぎながらも、①主食用米生産調整の廃止を前提に、②「担い手をあいまいにしたバラマキ」から脱却し、構造政策に徹するという転換を主眼とするものであった。

第1に、安倍政権は、「5年後（2018年産から）」の「行政による米の生産数量目標の配分の見直し」、すなわち生産調整の廃止を日程に織り込んでいる。したがって、「米の直接支払交付金（定額部分）」10アール当たり1万5千円を2014年産から7500円に削減し、生産調整廃止の2018年に廃止する。第2に、経営所得安定対策の直接支払いの「交付対象者」を、2015年産から「認定農業者、集落営農、認定就農者」とする。わざわざ「いずれも規模要件は課しません」と注書きしているが、各県での認定農業者の認定には、年齢や規模の大小は問われないというものの、要件とされる「自ら経営改善に取り組むやる気のある人」は、経営規模が最低3〜4ヘクタールなければやる気を出しようがないのが現実である。認定農業者に交付対象者を限定することは、認定農業者が販売農家145・5万戸のうちのわずか23・7万戸、16・3%にすぎないという現実からすれば、大多数の非認定販売農家を支払いから排除するものであって、政権交代前の「品目横断的経営安定対策」と、その本質は変わらない。

第3章　日本農業再生に必要な政策

＊国内農業を支えてきた政策体系をＴＰＰのもとでどうするか

４頁にある図２を改めて見てほしい。戦後の農産物価格政策の展開を年表にしたものである。わが国では、農業基本法（１９６１年）制定以降、幅広く農産物価格支持政策が展開されてきたことがわかる。また、今世紀に入ってからは、２００７年の「品目横断的経営安定対策」をはじめ、ＷＴＯ発足に迫られて、農産物の価格支持で農家所得を間接的に支える方式から、価格は市場に任せ生産コストとの差額を補てんする「不足払い制度」という直接支払いを中心とした農業保護システムに転換したことがわかる。

安倍政権は、ＴＰＰ交渉では「農業の聖域」を守るどころか、重要農産物関税を限りなくゼロにする方向でアメリカ・オバマ政権の歓心を買おうとしているようである。そこで問題である。その場合、現行の

ＷＴＯ農業協定で認められた国境措置（図１）にみられるように、米・麦・乳製品・砂糖・牛肉・豚肉など重要農産物の高関税の放棄を迫られる。そうすると、米・麦・乳製品の国家貿易や重要農産物の高関税を前提にして組み立てられてきた国内価格政策や不足払い制度などの維持には膨大な追加予算が必要になる。関税を限りなくゼロに近づければ、輸入農産物価格の低下が国内農産物価格破壊圧力をさらに高め、国内生産コストとの差が大きくならざるをえないからである。

安倍政権はそのことを承知のうえで、アメリカ・オバマ政権にいい顔をしようとしているのか。本書校正中の２０１５年７月中旬、わが国は日米２国間協議で、①米はアメリカ産米にミニマムアクセス米以外に特別輸入枠年５万トンを設定する。アメリカは米関税の撤廃はあきらめたのか、17・５万トンの特別輸入枠を要求しているので、間を取って10万トンから12万トンで妥結するか、②牛肉は38・５％の関税を10年から15年かけて９％に引き下げる、③豚肉は高価格帯の関税４・３％は撤廃、低価格帯の関税１キログラム４８２円を段階的に50円に引き下げる、④乳製品・小麦は低関税・無関税で輸入する枠を拡大する、といったところで妥結する模様と報じられている。

安倍政権は、国会決議（２０１３年４月）「米、麦、牛肉・豚肉、乳製品、甘味資源作物などの農林水産物の重要品目について、引き続き再生産可能となるよう除外又は再協議の対象とすること。十年を超える期間をかけた段階的な関税撤廃も含め認めないこと」と整合するものだと主張するだろう。米の関税は引き下げないし、他の重要品目も関税は撤廃、すなわちゼロ関税にしないのだから、国会決議に違反しないと強弁するだろう。しかし、牛肉や豚肉関税の引き下げで、現在では年間２３００億円という農産物関税収入が連年減少していくことになるが、そのもとで経営所得安定対策、内外麦コストプール、砂糖価格調整制度、牛肉関税収入を特定財源とする肉用牛子牛等対策など、これまで国内農業を支えてきた価格政策や直接支払いを維持できるのか。

農業・農協陣営がTPP交渉からの撤退を要求してきたのは、安倍政権には重要品目の輸入枠拡大や関税引き下げに対応して国内重要品目についての現行支持水準の維持は期待できないし、安倍政権後の政府にも国家財政赤字・借金の膨張のなかで、農水予算の確保がままならないとみているからでもある。

＊いま求められるのは「米のゲタ対策」

安倍政権は、民主党政権の戸別所得補償制度が担い手をあいまいにしたバラマキであったと批判し、その軌道修正を農政の目玉にした。第1に「経営所得安定対策」を見直して、①畑作物の直接支払交付金（ゲタ対策）の交付対象者が販売農家であったものを2015年度から認定農業者に限定する、②米の直接支払交付金（定額部分）を1万5千円（10アール当たり）から、2014年産米から7500円に引下げ、2018年産米から廃止する。

第2に、「水田フル活用と米政策」を見直して、①水田活用の直接支払交付金を麦、大豆、飼料用米、米粉用米等について直接交付する、②米政策を見直して、5年後（2018年産から）には国の生産数量配分による稲作減反を廃止する。

しかし、ここにきての米価暴落である。生産コストの引下げの担い手として期待されている大規模稲作経営がまっさきに経営収支を悪化させ、経営の見通しを失っている。農村の現場で起こっている悲鳴は、日本農業の根幹である水田農業を動揺させている米価の暴落に、農政が機敏に対処してほしいということである。ところが、安倍政権は、ＴＰＰに対処するには、水田農業の構造改革（ひとつには中小兼業農家を排除し、農地を法人型経営に集積する、いまひとつは稲作減反廃止で担い手大規模経営につくる自由を与えて低コスト稲作を実現する）しかないと思い込んでいる。米価下落は水田農業構造改革には追い風とほくそ笑んでいるのだろう。

自民党政権の品目横断的経営安定対策は、高関税で守られた米は「諸外国との生産条件格差から生じる不利はない」ので価格変動による収入減少の影響を緩和する「ナラシ対策」に止め、畑作物（麦・大豆・てん菜・でんぷん原料用ばれいしょ・そば・なたね）は「国産には諸外国との生産条件の格差があって不利がある」ので直接支払交付金（ゲタ対策）の対象にするというものであった。これに対して、民主党の農業者戸別所得補償は、「諸外国との生産条件格差から生じる不利」要件を削除して、生産条件格差を埋めるゲタ対策（不足払い）ではなかったが、米の生産にも定額（10アール当たり1万5千円）の直接交付金を交付したのである。

政権を奪還した自民党安倍政権は、米の直接支払交付金は、「諸外国との生産条件格差から生じる不利はなく、構造改革にそぐわない面がある」ので削減する、そして２０１８年には廃止すると、かつての品目横断的経営安定対策の理念に逆戻りしたのである。

私は、２０１４年5月22日に開催された参議院農林水産委員会の「経営安定所得対策の見直し」（正式な法案名は「農業の担い手に対する経営安定のための交付金の交付に関する法律一部を改正する法律案」）に関する参考人として、「民主党政権の農業者戸別所得補償は構造改革に逆行するものではなかった。したがって、新たな経営所得安定対策が支払い対象を販売農家ではなく、担い手経営に限定するのは誤っている」と主張した。同じ委員会で参考人として意見を述べた北海道農民連盟の山居忠彰《やまいただあき》書記長は、毎年70万トン以上もミニマムアクセス米が輸入されている米を「諸外国との生産条件格差から生じる不利はない」として直接支払交付金（ゲタ対策）の対象から排除するのは誤っており、米にも「販売価格が生産コストを恒常的に下回っている作物」として「基礎的な直接支払い」をすべきだと主張した。これはまさに、農村現場から発せられた農政に対するまっとうな提言だと考える。すなわち、民主党政権が推進した農業者戸別所得補償制度を骨抜きにするのでなく、これを抜本的に改善強化することこそ求められるのである。

繰り返すが、焦点は米にある。米に麦・大豆のようなゲタ（不足払い）を導入する。それができないのであれば、生産者米価を標準的な生産費を補てんする価格（玄米60キログラム、1万6千円）で支える。そのためには、政府主体による主食用米生産調整の継続と米の用途別管理システム（①〜③）が欠かせない。

①加工用米は主食用米に流通することがないよう播種前契約を徹底する。
②飼料用米、ＷＣＳ（ホールクロップサイレージ）稲も播種前管理を徹底し大胆な増産をめざす。
③玄米の選抜過程で発生するほぼ50万トンあるとされる篩下米《ふるいしたまい》が主食用に逆流してドラッグストアなどで売られる低価格米の原料として混米されないように、着色して主食用米から確実に除外する。

以下は、全国稲作経営者会議元会長で福岡県稲作経営者協議会顧問である井田磯弘氏の提言（２０１５年４月17日）である。私は、九州大学農学部教授であった頃に井田氏の知己を得て以来、農政評価をめぐって常に議論しあってきた。井田氏の提言は農村現場からの声として知ってほしい。

アベノミクス新農政改革への提言　　井田　磯弘

～生産現場の実態に即した新農政改革への提言～

1．基礎的食料品については消費税非課税措置または軽減措置を！

2．米政策には国が責任を持った対応が必要である

（1）米の生産調整廃止は正しい選択か？担い手の経営は安定しない。

米に対する固定支払い（10アール当たり1万5千円）は大小を問わず農業者にとっての評価は高かった。この固定部分の減額及び五年後の廃止で最も農業経営に影響が出るのは、国が育成しようとしている大規模専業稲作農業者である。さらに、米の生産調整廃止によって関東諸県では主食用米が過剰生産され、米価格は予想以上に早く下落してしまうことが危惧される。ここでも最も影響を受けるのは大規模専業稲作農業者である。おそらく、大規模専業稲作農業者間の熾烈な競争が始まり、農業経営は安定どころか不安定要因が高まっていくだろう。

ここへきて平成26年産米は政府の予測を超えて民間在庫が220万トン以上になり、県によっては米の仮払金が5千円水準という情報もある。つまり、平成26年産米価格も下落する見通しが強いということだ。今以上に、大規模専業稲作農業者の農業経営は不安定要因が高まるということだ。政府は「担い手の育成を強力に進める」としているが、言っていることとやっていることが全く正反対の結果をもたらしている。

市場価格が恒常的に生産費を割り込む現状は「市場主義の失敗」であり、それを是正するのが生産調整政

策の意味するところである。政府は、主食用米の生産調整廃止に逃げこまずに、きちんとした関わりをもつ責任がある。

（2）政府米備蓄水準の見直し

米は100万トンを適正水準として備蓄している。これは需要量の1・4カ月分に相当する。小麦が2・3カ月分、飼料穀物が2カ月分で、さらに東アジア・コメ備蓄構想等を考慮すると150万トン水準の米備蓄が必要であると考える。また、飼料穀物の国内生産拡大の重要性、輸入飼料用穀物価格の高騰、世界的な食料危機等を考えると政府米は棚上げ備蓄を継続しつつ、飼料用米の増産と同時に、備蓄米は通常時には飼料用として処理されるべきである。

（3）ミニマムアクセス米のあり方について抜本的議論を！

ミニマムアクセス米の事故米、汚染米は大きな社会的問題になった。これは、需要がないにもかかわらず国家貿易であるから義務的輸入という解釈によって1999年以降は76・7万トンという膨大な量を輸入し続けた結果、その在庫処理のあり方に根本問題があるからだ。日本以外のWTO加盟国はミニマムアクセス枠を必ずしも遵守してはいない。輸入機会の提供であって義務とはとらえていない。わが国の義務的輸入とする解釈を含めた抜本的見直しを強く要望する。

（4）米消費拡大の一環として学校給食米の無償提供を！

平成30年に米生産調整が廃止されれば主食用米は過剰基調となり、国内産米価格の下落とともに、国が育成しようとする「安定的かつ効率的経営体」の経営は深刻な打撃を受けることが予測される。

米消費量の減少に指をくわえてみているわけにはいかない。瑞穂の国といわれるわが国の主食はなんといっても米である。そこで提案だが、国を挙げて学校給食への米無償提供を要請したい。以前は、文部科学省が給食費の一部援助を行っていたがいまはそれもない。この学校給食米の無償提供は、日本がモデルとなってアジアモンスーン地帯の稲作維持・発展に必ず貢献するはずだ。

3．経営所得安定対策は慎重かつ現場の意見を踏まえた設計を！

米は依然として高い関税で保護されているからとの理由で諸外国との生産条件不利補正交付金（ゲタ対策）の対象からはずされた。今後は収入保険制度を検討するとしているが、はたしてこれが担い手の経営安定につながるのか？慎重かつ現場の意見を踏まえた設計を要望する。

（1）「生産コスト4割削減」「全農地の担い手への8割集積」はTPP妥結の前触れか？

政府は、10年後には「生産コスト4割削減」「全農地の担い手への8割集積」を目標とする方針を示した。現場からするとこれは実現困難だ。むしろTPP妥結へ向けた生産現場への警告だろう。とくに「生産コスト4割削減」を試算すると全参入生産費でコメ60キログラム当たり9600円程度になる。これは経営面積20～25ヘクタールのコスト水準になる。アメリカ米が輸送費を含めて1キログラム当たり118円程度とされているから60キログラム当たりでは7100円程度である。こうした状況になれば、収入保険制度だけでは育成すべき経営体は農業経営の継続はできない。5年後（平成30年度）の米生産調整廃止のメッセージとともにTPP妥結の前触れと受けとめざるを得ない。おそらく、この時点で担い手経営安定法をさらに改正して、米についてもゲタ対策の導入と同時に対象者の面積要件を示し、選別政策をとるのではないか。そうでなければ財政がもたないからである。ベトナム米が入ってきたらさらに財政は苦しくなる。だからこそ、「生産コスト4割削減」およびそのツールが「全農地の担い手への8割集積」と考えざるを得ないが、その実現は不可能だと思うからこそＴＰＰには反対せざるを得ないのである。

（２）収入保険制度＝ナラシ対策では経営は不安定

検討される収入保険制度はＷＴＯ農業協定で規定された施策が基本となろう。平成10年産米から導入された稲作経営安定制度がその仕組みの骨格である。

つまり、過去３年間または５年間（最高、最低を除く）のうち３年間の米価格を基準価格として当年産価格が下がった場合はその差額の90％を補てんするというのが有力な考え方だろう。そのための資金造成は国と生産者で拠出するという仕組みだ。過去の経験からこの制度は不十分だということをいやというほど味わってきた。趨勢的に米価格が下落する場合には差額に対する９割の補てん金では再生産が保証されないのである。以前は、基準価格の見直しを毎年のように行ってこの仕組みを繕ってきた。このナラシ対策では経営は決して安定しないことは今までの経験から明白である。

高い関税で保護されているからとの理由で諸外国との生産条件不利補正交付金（ゲタ対策）の対象からはずすのでなく、市場原理を導入した結果、生産費を下回る米価格が続いているのであるから、米についてもゲタ対策の対象とすべきである。

４．コメに対するセーフティネット（岩盤）としての最低所得補償制度の適用～水田経営所得安定対策は10アール当たり全算入生産費と販売手取収入額との差額を補てんする仕組みに～

「価格は市場で所得は政策で」という消費者負担型から税負担型への「価格政策から所得政策」への完全な転換を図るのであれば、水田経営所得安定対策は10アール当たり全算入生産費と販売収入（手取額）との差額を補てんする仕組みを導入すべきである。つまり、戸別所得補償制度の仕組みを基本として生産費は全参入生産費を採用することを強く要望する。自民党は、この際メンツを捨てて現場の意見、とくに大規模専業稲作農業者の声を真摯に聞くべきである。

5．農地中間管理事業の課題と見直し

農地中間管理機構についても一言いいたい。

10年後の目標「全農地の8割を担い手へ集積」し、コストの4割削減の手法のひとつとして都道府県に農地中間管理機構（農地集積バンク）を創設するという。農地の貸借に関する法律は、農地法、農業経営基盤強化促進法に加えて農地集積バンク法の3本立てとなった。生産現場から見るとどれを利用するのかはなはだわかりにくい。端的に言えば、農地の出し手は白紙委任を要件として農地集積バンクと利用権を設定し、借り手は公募によって農地をマッチングさせるという内容である。ここには、出し手と借り手が顔の見える関係性はない。機械的に、近隣農地をマッチングさせるもので、知事の許可・公告によって効力が生じるというものだ。どれだけ機能するのかはなはだ疑問だ。

農地中間管理機構は始まったばかりで何とも評価しがたいが、10年後の目標「全農地8割を担い手へ集積」をめざすなら、たとえば、公募による借り手は市町村、農協及び農業委員会で協議をして決定する、また協力金は（農地法3条は相対取引なので無理としても）農用地利用集積円滑化団体も取り扱いできるようにするなど、現場に即した細かい気配りが欲しいものだ。

おわりに

＊「食料とエネルギーの産直」時代の到来

評論家の内橋克人氏は、「ＦＥＣ自給圏の形成」論を提唱されてきた。グローバリゼーションのなかで製造業大企業が多国籍化して「雇用力」を激しく後退させてしまった現実のもとで、住民に雇用の場を提供し、定住できる条件が確保された地域社会には、新たな地域産業が必要であるという。21世紀の日本では、食料（Ｆ）、エネルギー（Ｅ）、ケア（Ｃ、医療から介護、教育までを含む広い意味での人間関係領域）で新しい基幹産業が生まれなければ、日本経済は必ず行き詰まり、国民の安心も安全もないとされる。内橋氏の先見性は、この「ＦＥＣ自給圏の形成」論を２０１１年3月11日の東日本大震災以前から主張されてきたところにある。

３・11の惨禍を無にしないため、54基の原発すべてを速やかに廃止し、原発立地県においても原発に依存しない地域社会の構築に歩みだすことが喫緊の課題である。民主党政権が２０１２年7月に改訂した再生可能エネルギー法により、再生可能エネルギーの固定価格買い取り制度（ＦＩＴ）を利用することで、電力会社に20年間にわたって固定価格で電力を売ることができる。遅遅としたものだが電力自由化・発送電分離が２０２０年度までに実施される。政府には、電力託送料を法律で引き下げ、事実上の送電線公有化を実現することが求められている。そうした状況が生まれれば、大電力会社の地域独占を打ち破り、住民が新電力会社を立ち上げることで、原発による電力に依存せず、エネルギーの地産地消に取り組むことができるようになる。都市の生活協同組合と農村の農業協同組合が双方の組合員が出資する再生可能エネルギー事業を立ち上げ、食に加えてエネルギーも産直できる時代が到来している。

地域に存在する再生可能エネルギーを活用する新しいエネルギー産業を興し、雇用を生み出し、地域住民の所得源とすることで地域活性化を進めること、つまり、内橋氏のＦＥＣ自給圏構想に本気で取り組むことが求められている。

このＦＥＣ自給圏の形成と、日本農業再生に不可欠な水田農業の総合化と畜産の土地利用型への転換を一体的に展開しようではないかというのが、以下に紹介する愛媛県西予市でのとりくみである。

家畜糞尿をメタン原料とするバイオガス発電が畜産経営の収益構造の改善に役立つだけでなく、地域内での耕畜連携を推進することで、加工型畜産を畑・水田一体的利用の土地利用型畜産に本格的に転換させようという具体例である。

ひとつは、四国カルスト大野ヶ原開拓酪農地でのバイオガス発電事業である。

愛媛県西予市、四国カルストの大野ヶ原は、戦後、開拓地として開墾され、昭和34年に導入された酪農が地域住民の暮らしを支えてきた。標高が１０００～１２００メートルあり、冬期の積雪は1メートルを優に超える。開墾した農地では牧草は栽培できるが、デントコーン（サイレージ用トウモロコシ）は積算温度不足で栽培できない。そのために自給飼料率が下がるという問題を抱えている。また、四国カルストが県の自然公園指定を受けているため、生の牛糞を牧草地に撒布することは臭気がきつく、観光入込客の多い土・日の撒布は自粛が求められてきた。そこに購入濃厚飼料の高騰で、生き残りのため肉牛繁殖・肥育との複合や転換を進める経営も生まれている。

15戸ある酪農・肉牛経営は、西予市の大半を事業エリアとする東宇和農業協同組合（ＪＡひがしうわ）の組合員である。放置すれば離農が進む危険性があると判断したＪＡひがしうわは、西予市が補助金事業で大野ヶ原に導入しＪＡが運用を任された家畜糞尿曝気《ばっき》処理施設の稼働が思わしくなく、窮余の一策としてそれをメタン発酵槽として活用するメタン発酵協同バイオガス発電施設の導入で農家を支援できるのではないかと考えた。

２０１２年に施行された再生可能エネルギー特別措置法で、メタン発酵バイオガス発電による電力は１キロワットアワー39円で20年間四国電力に販売できること、小型のガスエンジンは国産化されており、メンテナンスにそれほどコストがかからないこと、大野ヶ原の開拓酪農地では農家がまとまっており糞尿運搬に苦労しないこと、とくにメタン発酵後の消化液（ほぼ無臭）を液肥として撒布できる牧草地を農家が所有していることなどが、事業実施に踏み出させることになった。

乳牛飼養規模が7頭と零細な1戸を除く14戸の糞尿処理方式と頭数は表2のとおりである。14戸は、酪農専業が9戸、酪農＋肉牛繁殖が３戸、酪農＋肉牛肥育２戸であり、流下式の８戸の総頭数２３４頭のう

表2　大野ヶ原における牛の飼養頭数と糞尿排出量

大野ヶ原糞尿処理体系（2014.7.1現在）

処理方式	状態	頭数
流下式	経産牛	197
	初任牛	10
	12ヶ月以上	27
	12ヶ月未満	0
	小計	234
オガ床（肉牛含む）	経産牛	187
	初任牛	35
	12ヶ月以上	100
	12ヶ月未満	250
	小計	572
合計		806

バイオガス発電に係る予想糞尿供給量

	経産牛頭数	1日排出量(kg)	合計(kg)
流下式	207	50	10,350
オガ床	222	50	11,100
合　計	429		21,450

大野ヶ原での1日の糞尿供給量は約21トンと予測される。ただし、オガ床処理をしている場合は、重量が加算される。

ち経産牛２０７頭分の糞尿10・35トン、オガ床の６戸の総頭数５７２頭のうち経産牛２２２頭の糞尿11・１トン、合計４２９頭（１頭当たり１日約50キログラム排泄）約21・45トンがメタン原料である。大野ヶ原は西予市内の他の集落・町場から距離があり、まとまった量の食品加工残渣などを原料に加えることは運搬コストからみてむずかしい。約21トンの牛糞尿だけを原料とするので、国産の25キロワットガスエンジン２台という小型のバイオガス発電である。

メタン発酵槽の液容量は７００立方メートル、35日サイクルとして、発酵槽は直径12メートル×高さ11・９メートル、セ氏39度での管理とする。ガス貯留部は約３７０立方メートルで12メートルのガスバルーンとする。バイオガスの成分は脱硫後で、メタン（CH_4）60％以上、二酸化炭素（CO_2）40％以下、硫化水素（H_2S）10 ppm以下である。計画ではバイオガスは１日当たり４００Ｎ立方メートル（Ｎ＝Normal）の発生量である。

発電機の稼働率を66％とみて、１日当たり８００キロワットの発電量、消化液排出量は１日当たり19・５トンの計画である。電力は全量を四国電力に１キロワット39円（税抜）で売電し、１日当たり３万１２００円、年間７３３万円の売上げが想定できる。

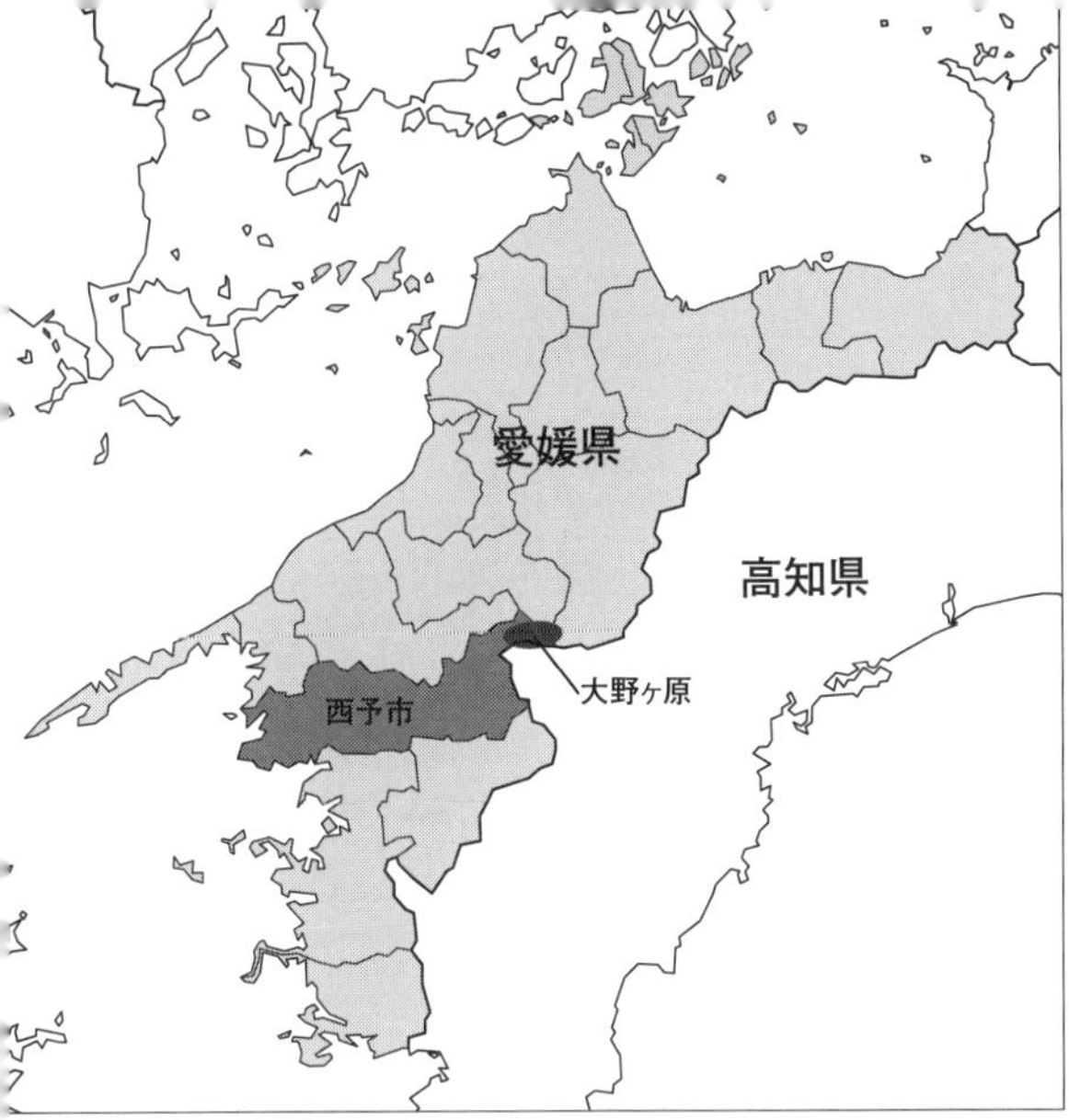

バイオガス発電施設全体に要する初期投資額は１億５千万円を超える。ＪＡひがしうわは、年間７３３万円の電力売上げで20年間での減価償却を可能にするために、西予市の２０１６年度市予算への助成金計上を要請している。初期投資額のうち市助成金や農業団体のファンドの出資を除く部分は、農協出資でまかなう予定である。関係者の苦労が実れば、２０１６年夏には大野ヶ原バイオガス発電所が稼働を開始する。西日本の農協が直営する協同バイオガス発電所第１号になるだろう。

いまひとつは、西予市の畜産地帯旧野村町でのバイオガス発電施設と混合飼料を製造するＴＭＲセンターの設置で、畑や牧草地だけでなく水田も含む耕畜連携で、輸入飼料依存の加工型畜産を土地利用型畜産に転換させようという事業である。

２０１４年で酪農経営は68戸、乳牛頭数は総頭数３１１５頭、経産牛２１１５頭、肉牛経営は88戸（うち繁殖55戸）、総頭数６５９７頭を数える。酪農では粗飼料４割・配合飼料が６割、肉用牛肥育は粗飼料１割・配合飼料が８〜９割と、いずれも配合飼料の割合が非常に高い。すなわち購入による配合飼料に偏っていることが現在の経営問題に直結している。大部分を輸入に頼る配合飼料原料が高騰し続けているからである。乳牛用配合飼料価格は、２００５年の１トン当たり５万３３８８円から２０１３年には７万１２１６円と33・４％上がっている。肉牛用配合飼料は同じく５万１５８９円から６万７１３３円と

図15

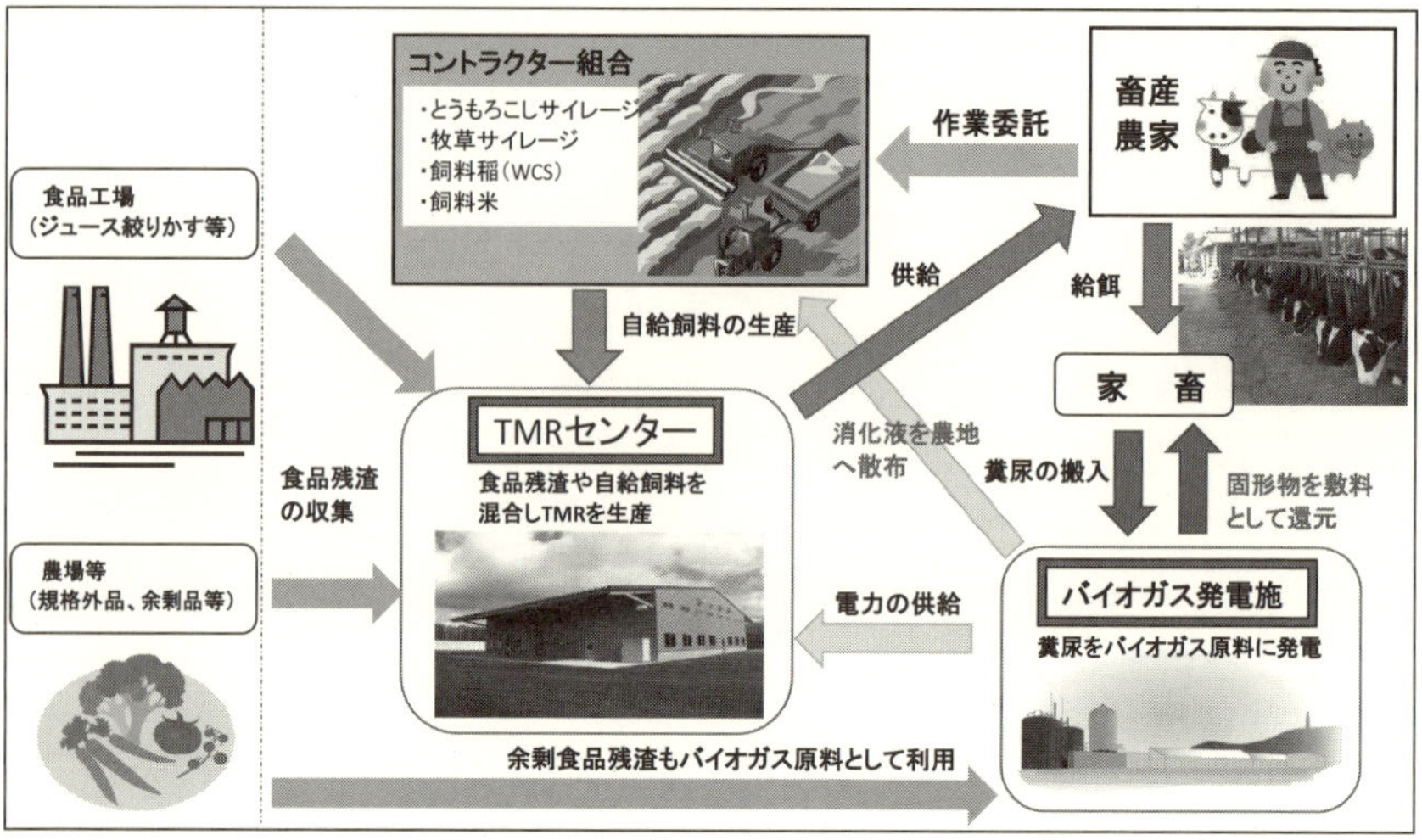

30・1%上がっている。

そこで新たなとりくみは、①畜産主幹の旧野村町にとどめず、管内で最大の水田を抱える宇和地区（宇和平野）での飼料米、WCS（ホールクロップサイレージ）稲生産を推進し、それを域内畜産農家への供給を組織する、②コントラクター組合の設立によって、耕種農家が粗飼料を受託生産することで畜産経営の労働力不足を補う、③牧草、穀物、添加物などをバランスよく混合した「混合飼料」生産工場であるTMRセンターの建設で管内の稲ワラや飼料米等の地元消費につなげ、輸入飼料穀物依存度を引き下げることをめざそうというものである。さらにTMR原料に地域の食品残渣を利用することも可能になる。すなわち、飼料供給系統のコントラクター組合とTMRセンターによる地産地消の推進に加えて、牛の糞尿や地域の余剰食品残渣をメタン原料とするバイオガス発電施設と組み合わせ、資源の地域内循環を可能にしようというところにある。バイオガス発電施設で生み出される電力や熱の地域内供給が関連施設のエネルギー・

コストを引き下げることにもつながる。メタン発酵後の消化液の撒布農地は畜産農家の飼料畑に限らず、飼料米・WCS稲が栽培される水田への撒布に広げる。こうして、西予市の畜産は本格的な耕畜連携の土地利用型畜産への転換に踏み出すことができるであろう。図15は、畜産クラスターのイメージを示している。

＊さよなら安倍政権

私は愛媛県松山市に居住して11年目を迎えた。

愛媛県は佐田岬の付け根に瀬戸内海の伊予灘に面して四国電力伊方原子力発電所が立地する。中央構造線活断層帯からわずか5キロという至近距離にあって巨大地震の脅威にさらされている伊方原発は、ひとたび事故が起これば閉鎖性海域瀬戸内海を死の海に変え、想像を絶する被害を広範囲におよぼさざるをえないことを、２０１１年３月11日の東日本原発震災は明らかにした。

ところが、原発輸出・再稼動に狂奔する安倍政権のもとで、伊方原発３号機（加圧水型軽水炉、89万キロワット）の再稼動が強行されかねない事態を迎えている。伊方原発の再稼動を許さず廃炉を求める県民運動に参加する私には、「農業経済学者ならば、原発に依存せずとも愛媛県の地域再生とそれを支える農林漁業の活性化の道を提示すべきだ」という声に耳が痛い。原発事故で大きなダメージを受けた福島県でどうすれば農林漁業をとり戻すことができるのかと苦闘する若い研究者諸氏にも励まされ、本シリーズ「さよなら安倍政権」に参加する決意をした。福島県での「地域再生をここから」については、濱田武士・

小山良太・早尻正宏『福島に農林漁業をとり戻す』（みすず書房）を参照されたい。

私の問題意識は以下のとおりであった。

(1)日本農業再生の道は、安倍政権のアメリカ・オバマ政権の「近隣窮乏化」政策に屈服するTPPとの闘いなしには開けない。

(2)原発輸出・再稼動に前のめりの安倍政権と電力会社との闘いもまた、原発震災後の日本農業の再生に不可欠である。『福島に農林漁業をとり戻す』に原発立地県愛媛県での農林漁業と地域の再生を重ねること、すなわち日本農業再生の道は、原発事故被災地の農業復興および原発立地県の脱原発・原発に依存しない地域再生を内にしっかり取り込んだものでなければならない。それには地域再生可能エネルギー資源を活用した地域産業イノベーションが不可欠である。

(3)こうした考えにいたったのは、「FEC自給圏の形成」、すなわち食、エネルギー、ケアで新たな産業を起こさない限り、日本経済や地域の再生はありえないとする内橋克人氏の主張に触発されたことが大きい。「食とエネルギーの産直」の時代が到来しているのだという考えもそこから生まれ、FEC自給圏づくりの担い手として協同組合運動に期待する考えにつながっている。

沖縄県の翁長雄志知事は、安倍政権菅義偉官房長官と行った2015年4月6日の会談で、普天間基地の代替として新基地を沖縄に押しつけるのは、「日本の政治の堕落であり、日本の国の品格から見ても、世界から見てもおかしいのではないか」と、辺野古新巨大基地の建設をごり押しする政権を厳しく批判した。本書では安倍政権の農業政策もまた無惨なものであり、その堕落が目に余ることを明らかにした。多国籍企業・金融資本にあやつられたアメリカに屈服して、日本社会をどこまでアメリカ型自助・格差社会に貶めようとするのか。

安倍政権はＴＰＰ交渉に抵抗する農協陣営を、規制改革会議を錦の御旗に「農業改革を妨害する岩盤規制」に祭り上げ、子どもじみた報復を「農協改革」だとして農協法改正を強行しようとしている。その最終的な狙いが協同組合信用・共済事業の切り崩しにあることは、当のアメリカの業界の明け透けな要求に明確である。

農林水産省官僚の堕落も目に余る。安倍政権の「戦後レジームからの脱却」なる乱暴な新自由主義官邸主導農政転換に対して、農水省官僚は冷静に政権の暴走を押さえるどころか、前のめりに戦後農政の蓄積を自ら切り崩すのに躍起である。

他方で、国営諫早湾干拓事業の潮受け堤防排水門の開門を巡って、福岡高裁の開門を命じる確定判決（民主党菅首相が上告断念を決断）に基づいて開門をせず、佐賀地裁の「開門するまでの1日90万円」の制裁金、長崎地裁の開門差し止め仮処分判決による「開門したら1日49万円」の制裁金という相反する司法判断のもとで、農水省はどっちつかずの態度を続けている。２０１５年度の制裁金支払い総額は3億3千万円になるという。これを政治の堕落と言わずしてなんと言おうか。潮受け堤防の開門を行っても干拓地に塩害ができるだけ及ばないような対策を速やかに立てることを関係者に明らかにして、開門の日程とその方法を明示することが農水省には求められている。

エネルギー産業論が専門の橘川武郎東京理科大学大学院教授は、電源構成の政府案（２０３０年の総発電量に占める電源ごとの割合を原発20～22％、再生可能ネルギー22～24％）は安倍政権の公約違反だと批判したうえで、再生可能エネルギーの比率をさらに伸ばすことについて以下のように述べている。

「原発依存度の提言と再生可能エネの最大限の導入を実現するには、原発は15％まで減らし――原則40年で廃炉にすれば、２０３０年までに30基が廃炉になり、建設中の中国電力島根原発３号機、Ｊパワー大間原発を加えても原発比率は15％程度にしかならない――、再生エネはその倍の30％まで目標を引き上げるべきだ。政府案は再生エネの固定価格買い取り制度（ＦＩＴ）で電気代が高くなることを問題視しているが、30年時点では高い価格で買い取るＦＩＴをやめて、市場価格に任せればいい。再生エネが増える分、送電線容量の制約が課題になるが、原発が30基廃炉になれば、その分の送電線を活用できる。送電線を使わず地域で利用する「地産地消」や、再生エネの余剰電力で水を電気分解して水素に変え、家庭用や工業ガスに混ぜて活用することも検討すべきだ。」（毎日新聞２０１５年5月8日）

このブックレットで、再生可能エネルギー活用の新たな農業システムづくりに紙幅を割いたのは、安倍政権の政策全体と対峙して、オルタナティブの提示をしなくては農業・農村再生の道が開けないという私の考えであり、原発立地県からの発言であることを読み取っていただければたいへんうれしい。

【参考文献】

石井勇人『農業超大国アメリカの戦略・TPPで問われる「食料安保」』新潮社、2013年
宇沢弘文・内橋克人『始まっている未来・新しい経済学は可能か』岩波書店、2009年
太田原高昭『農協の大義』農文協ブックレット、2014年
太田原高昭『わたしたちのJA自己改革』家の光協会、2015年
梶井　功編著『「農」を論ず・日本農業の再生を求めて』農林統計協会、2011年
国連世界食料保障委員会専門家ハイレベル・パネル（家族農業研究会・㈱農林中金総合研究所共訳）『家族農業が世界の未来を拓く・食料保障のための小規模農業への投資』農文協、2014年
鈴木宣弘『「岩盤規制」の大義』農文協ブックレット、2015年
田代洋一『戦後レジームからの脱却農政』筑波書房、2014年
田代洋一・小田切徳美・池上甲一『ポストTPP農政・地域の潜在力を活かすために』農文協ブックレット、2014年
田代洋一『官邸農政の矛盾　TPP・農協・基本計画』筑波書房ブックレット、2015年
田畑　保『地域振興に活かす自然エネルギー』筑波書房、2014年
友寄英隆『アベノミクスと日本資本主義・差し迫る「日本経済の崖」』新日本出版社、2014年
農文協編『TPP反対の大義』農文協ブックレット、2010年
農文協編『脱原発の大義・地域破壊の歴史に終止符を』2012年
農文協編『規制改革会議の「農業意見」・20氏の意見』農文協ブックレット、2014年
萩原伸次郎『安倍新政権の論点Ⅳ　TPP・アメリカ発、第3の構造改革』かもがわ出版、2013年
萩原伸次郎『オバマ政権の経済政策とアベノミクス』学習の友社、2015年
村田　武『コーヒーとフェアトレード』筑波書房ブックレット、2005年
村田　武『戦後ドイツとEUの農業政策』筑波書房、2006年
村田　武『現代の「論争書」で読み解く食と農のキーワード』筑波書房ブックレット、2009年
村田　武編著『食料主権のグランドデザイン』農文協、2011年
村田　武・渡邉信夫編『脱原発・再生可能エネルギーとふるさと再生』筑波書房、2012年
村田　武『ドイツ農業と「エネルギー転換」・バイオガス発電と家族農業経営』筑波書房ブックレット、2013年
村田　武編著『愛媛発・農林漁業と地域の再生』筑波書房、2014年

【著者プロフィール】

村田　武（むらた・たけし）

1942年福岡県生まれ。博士（経済学）。
愛媛大学アカデミックアドバイザー、（株）愛媛地域総合研究所代表取締役、愛媛県自然エネルギー利用推進協議会会長。NPO法人自然エネルギー愛媛理事長。
最近の著書として『愛媛発・農林漁業と地域の再生』（2014、編著）『ドイツ農業と「エネルギー転換」』（2013）、『脱原発・再生可能エネルギーとふるさと再生』（2012、共編）、『食料主権のグランドデザイン』（2011、編著）など多数。

日本農業の危機と再生
—地域再生の希望は食とエネルギーの産直に

2015年８月31日　第１刷発行

著　者　　村田　武
発　行　　株式会社　かもがわ出版　　発行者　竹村正治
京都市上京区堀川通り出水西入　〒602-8119
編集部＝電話 075-432-2934　ファックス 075-417-2114
営業部＝電話 075-432-2868　ファックス 075-432-2869
URL　http://www.kamogawa.co.jp
振替01010-5-12436
印刷所　　シナノ書籍印刷株式会社

ISBN978-4-7803-0788-7　C0036